KB178905

올리버 색스의

오악사카 저널

올리버 색스의 오악사카 저널

올리버 색스 지음 | 김승욱 옮김

Oaxaca Journal

미국양치류연구회
그리고 전 세계의 식물 탐색꾼, 새 관찰자, 다이버, 별바라기,
돌 수집가, 폐광 탐색꾼, 아마추어 박물학자에게

머리말

나는 19세기 박물학 연구자들의 탐방여행기를 좋아했다. 그런 여행기들에는 항상 개인적인 이야기와 학문적인 이야기가 섞여 있는데, 특히 월리스Alfred Wallace의 《말레이 제도》, 베이츠Henry Bates의 《아마존강의 박물학자Naturalist on the River Amazon》, 스프루스Richard Spruce의 《식물학자의 노트Notes of a Botanist》, 그리고 이들 모두(다윈도 포함)에게 영감을 주었던 훔볼트Alexander von Humboldt의 《개인적인 이야기Personal Narrative》가 그렇다. 베이츠, 스프루스, 월리스가 1849년의 같은 시기에 아마존의 같은 지역에서 서로 앞서거니 뒤서거니 하며 스쳐 지나가곤 했다는 것, 그리고 그들 모두가 서로 좋은 친구였다는 것을 생각하면 기분이 좋았다. (이 세 사람은 평생 계속해서 편지를 주고받았으며, 스프루스가 세상을 떠난 뒤에 그의 《식물학자의 노트》가 출판되게 해준 사람이 바로 월리스였다.)

그들은 모두 어떤 의미에서 아마추어였다. 혼자 공부했고, 스스로 의욕이 생겨서 탐험에 나섰으며, 어떤 기관에 소속된 몸이 아니었다는 점에서 그랬다. 나는 이 세 사람이 일종의 에덴동산 같은 행복한 세계에서 살았던 것이 아닌가 하는 생각이 가끔 들었다. 그들이 속해 있던 분야가 점점 더 전문화되면서 곧 거의 살인적인 경쟁이 벌어지게 되었지만(H. G. 웰스의 〈나방The Moth〉에 이런 경쟁관계가 생생하게 묘사되어 있다), 그들 세 사람의 세상은 아직 그런 소란과 고민에 휩쓸리지 않은 상태였다.

이기심이나 명예욕보다 모험심과 경이의 지배를 받는 이 달콤하고 순수한, 전문화 이전의 분위기가 지금도 여기저기의 일부 박물학 연구 모임이나 아마추어 천문학자와 고고학자의 모임 같은 곳에 살아 있는 것 같기는 하다. 조용하지만 반드시 필요한 그들의 존재가 비록 일반인들에게는 거의 알려져 있지 않지만 말이다. 어쨌든 내가 처음에 미국양치류연구회AFS, American Fern Society에 끌린 것도, 2000년 초에 그들의 양치류 탐방여행에 따라나서 오악사카Oaxaca로 향한 것도 이런 분위기 때문이었다.

그리고 내가 이렇게 여행기를 쓰게 된 데에는 그런 분위기를 탐구해

보고 싶다는 마음이 어느 정도 영향을 미쳤다. 물론 이유가 그것만은 아니었다. 내가 거의 아무것도 모르고 있던 사람들, 나라, 문화, 역사를 새로 접하게 된 것만으로도 놀라운 모험이었고, 여행을 할 때마다 일기를 쓰고 싶은 마음이 든다는 사실도 영향을 미쳤다. 사실 나는 열네 살 때부터 일기를 쓰고 있다. 오악사카에 다녀온 뒤 1년 반이 흐른 지금까지 나는 그린란드와 쿠바에 다녀왔고, 오스트레일리아에서 화석을 찾아다녔으며, 과달루페에서 기묘한 신경학적 증상을 살펴보았다. 그리고 이 모든 여행 중에도 일기를 썼다.

내 일기에 포괄적인 내용이나 학문적으로 권위가 있는 내용이 담겨 있는 것은 결코 아니다. 내 일기는 가볍고 단편적이며, 순간적인 인상을 담은 것이고, 특히 개인적이다.

나는 왜 일기를 쓰는 걸까? 그건 나도 모르겠다. 내 생각을 명확히 정리하는 것, 내가 받은 인상을 정리해서 일종의 이야기로 만드는 것, 특히 나중에 기억을 더듬어 글을 쓰거나 자서전이나 소설처럼 상상력을 발휘해서 이야기를 변형시키지 않고 '실시간'으로 이야기를 만들어내는 것이 어쩌면 가장 중요한 이유인지 모르겠다. 나는 애당초 책으로 출판할 생각 같은 것은 전혀 없이 이런 여행 일기를 쓴다(내가 쓴 여행 일기 중에 발표된 것은 캐나다와 앨라배마에서 썼던 것밖에 없다. 그것도 일기를 쓴

지 30년 뒤 우연히 〈안타이오스〉에 실린 것이다).

이 일기의 문장을 더 예쁘고 정교하게 다듬어야 했을까? 글의 내용을 더 체계적이고 일관성 있게 정리해야 했을까? 미크로네시아 일기와 '다리를 다쳤을 때'의 일기는 그렇게 정리했다. 아니면 캐나다와 앨라배마에서 썼던 일기처럼 처음 쓴 그대로 출판해야 했을까? 나는 이 두 가지 방법의 중간을 택해서 내용을 조금 추가하고(초콜릿, 고무, 중앙아메리카의 특징 등에 관한 것) 여기저기 다양한 곁가지를 조금 붙이되 기본적인 내용은 처음 일기를 썼을 때 그대로 남겨두었다. 심지어 일기에 따로 적당한 제목을 붙일 생각도 하지 않았다. 노트에 처음 적을 때부터 '오악사카 저널'이었던 이 책은 지금도 《오악사카 저널》로 남아 있다.

2001년 12월

O. W. S.

차례

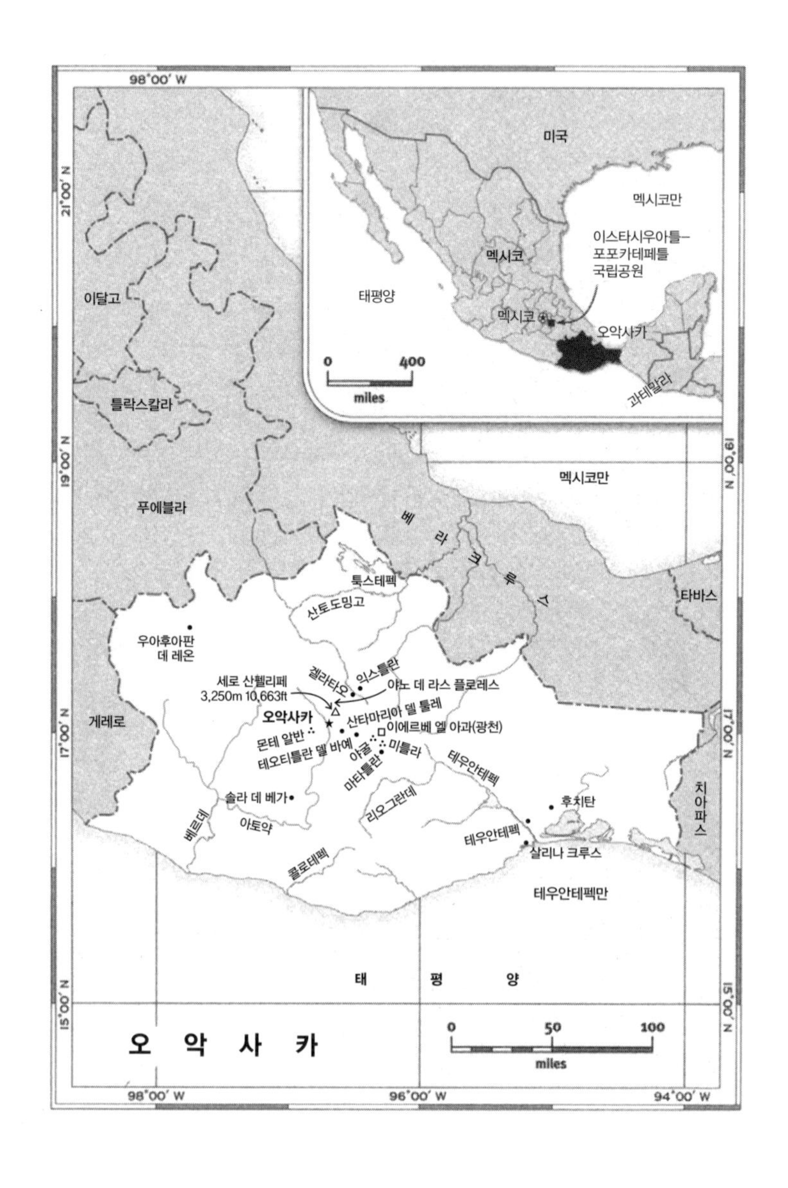

98°00′ W
21°00′ N
19°00′ N
17°00′ N
15°00′ N
미국
멕시코만
이스타시우아틀–
포포카테페틀
국립공원
멕시코
태평양
멕시코
오악사카
과테말라
0
400
miles
이달고
틀락스칼라
푸에블라
멕시코만
베
라
크
루
스
툭스테펙
산토도밍고
타바스
우아후아판
데 레온
겔라타오
익스틀란
세로 산펠리페
3,250m 10,663ft
야노 데 라스 플로레스
오악사카
산타마리아 델 툴레
게레로
몬테 알반
테오티틀란 델 바예
야굴
이에르베 엘 아과(광천)
미틀라
마타틀란
테우안테펙
솔라 데 베가
리오그란데
후치탄
베르데
아토약
테우안테펙
살리나 크루스
치아파스
콜로테펙
테우안테펙만
태
평
양
오 악 사 카
0
50
100
miles
98°00′ W
96°00′ W
94°00′ W

1. Friday

나는 지금 양치류 탐방여행을 위해 식물학에 관심이 있는 친구들을 만나려고 오악사카로 가는 중이다. 뉴욕의 얼음장 같은 겨울 날씨에서 1주일 동안 벗어날 수 있다는 것도 즐겁다. 에어로멕시코항공의 비행기 안 분위기는 지금까지 내가 경험했던 것과는 사뭇 다르다. 비행기가 이륙하자마자 다들 자리에서 일어나 통로에서 수다를 떨기도 하고, 먹을 것을 담아온 가방을 열기도 하고, 아기에게 젖을 먹이기도 한다. 멕시코의 카페나 시장처럼 순식간에 사람들이 서로 어울리는 분위기가 만들어진 것이다. 비행기에 오르는 순간 이미 멕시코에 발을 들여놓은 것과 같다. 안전벨트 등에는 아직도 불이 들어와 있지만 거기에 주의를 기울이는 사람은 하나도 없다. 스페인과 이탈리아의 비행기에서도 이런 분위기를 조금 느껴본 적이 있지만, 그래도 이 정도는 아니었다. 이렇게 순식간에 축제 분위기가 만들어지고, 모두들 태양처럼 밝게 웃어대는 상황이라니. 다른 문화를 접하고, 그들만의 특별한 부분을 보고, 자신의 문화가 결코 보편적인 것이 아님을 깨닫는 것은 정말 중요한 일이다. 북미 항공사들이 운항하는 대부분의 비행기에서는 지금 이 비행기와 대조적으로 딱딱하고 전혀 즐겁지 않은 분위기가 조성되지 않는가. 왠지 이번 여행이 즐거울 것 같은 생각이 든다. 어떻게 보면 요즘은 우리에게 '허락'되는 즐거움이 너무 적다. 하지만 인생이란 확실히 즐겨야 하는 것 아닌가.

식사가 나오자, 내 옆자리에 앉은 치아파스Chiapas 출신의 쾌활한 회사원이 내게 "Bon Appetit!"('맛있게 드세요'라는 뜻의 프랑스어—옮긴이)라고 인사를 하더니 같은 말을 스페인어로 바꿔서 "¡Buen provecho!"라고 다시 말한다. 나는 메뉴에 적힌 말을 전혀 읽을 수 없기 때문에 스튜어디스가 맨 처음 권한 음식에 무조건 '예스'라고 말했는데, 그것이 실수였다. 닭고기나 생선을 먹고 싶었는데 나온 것은 엠파나다(고기, 생선, 채소 등이 들어가는 스페인식 파이—옮긴이)였기 때문이다. 수줍음을 잘 타는 성격, 외국어를 하지 못하는 무능력이 문제다. 나는 엠파나다를 싫어하지만, 문화 적응의 일환으로 조금 먹는다.

옆자리의 회사원이 무슨 일로 멕시코에 가느냐고 물어서 나는 남쪽의 오악사카에서 식물 탐방여행에 참가할 예정이라고 말해준다. 이 비행기에도 뉴욕에서 출발한 우리 일행이 여러 명 타고 있는데, 멕시코시티에 도착하면 다른 사람들과 합류할 것이다. 회사원은 내가 멕시코에 처음으로 가는 길이라는 말을 듣고 자기 나라에 대해 열렬히 설명하면서 갖고 있던 여행안내서를 빌려준다. 그러면서 오악사카에 있는 거대한 나무를 꼭 보라고 권한다. 나이가 수천 살이나 되는 이 나무는 자연의 경이로 유명하다는 것이다. 사실 나도 이 나무에 대해 알고 있으며, 어렸을 때 이 나무를 찍은 낡은 사진을 본 적이 있다고 말한다. 이 나무는 내가 오악사카에 관심을 갖게 된 계기 중 하나이기도 하다.

옆자리의 친절한 승객은 내가 가제본 된 교정용 책의 앞뒤 속표지를 찢어서 글을 쓰다가 종이가 다 떨어져서 걱정스러운 표정을 짓고 있는 것을 보고 노란색 종이철에서 종이를 두 장 찢어 내민다(내 종이철과 노트를 여행가방에 넣어버린 건 멍청한 짓이었다).

그는 내가 엠파나다가 뭔지 전혀 모르면서 그냥 '예스'라고 대답한 것, 그리고 음식이 나왔을 때 꽤 티가 날 정도로 싫은 기색을 드러낸 것을 보았기 때문에 자신의 여행안내서를 내밀며 멕시코 음식들의 사진과 영어 이름이 실려 있는 부분도 살펴보라고 권한다. 그는 예를 들어 'atún'과 'tuna'라는 단어를 잘 구별해서 써야 한다고 말한다. 스페인어로 tuna는 참치가 아니라 백년초를 뜻하기 때문에, 자칫하면 생선을 주문한 줄 알았는데 나오는 건 백년초 열매밖에 없는 상황이 될 수 있다는 것이다.

여행안내서에서 식물과 관련된 부분을 발견한 나는 그에게 말라 무헤르Mala mujer에 대해 묻는다. '나쁜 여자'라는 뜻의 이름을 지닌 이 나무는 쐐기풀처럼 따끔따끔한 털이 달려 있어서 위험해 보인다. 옆자리 승객은 작은 마을의 무도장에서 청년들이 이 나무의 가지를 던져 여자들은 물론이고 다른 사람들까지 몸을 긁적이게 만든다고 설명한다. 그것은 장난과 범죄의 중간쯤 되는 행위라고 한다.

"멕시코에 오신 것을 환영합니다!" 비행기가 착륙하자 그가 말한다. "이례적이고 흥미로운 것들을 많이 보게 될 겁니다." 비행기가 서서히 정지하자 그가 내게 명함을 주며 말한다. "우리나라에 계시는 동안 혹시 도움이 필요해지면 전화하세요." 나는 그에게 내 주소를 알려준다. 명함이 없어서 컵받침에 적어주는 수밖에 없지만. 나는 그에게 내 책을 한 권 보내주겠다고 약속한다. 그러다 마침 그의 미들네임이 토드인 것이 눈에 띄어서("우리 할아버지가 에든버러 출신이셨거든요") 나는 토드 마비(간혹 간

질발작 뒤에 잠깐 나타나는 마비증세)에 대해 이야기해주며 이 증세를 처음 발견한 토드 박사에 관한 간략한 설명도 함께 보내주겠다고 말한다.

이 남자의 친절과 예의가 내게는 상당히 감동적이다. 이것이 라틴아메리카 특유의 예의인가? 아니면 개인적인 특징인가? 아니면 기차나 비행기에서 경험할 수 있는 짧은 만남에 불과한 건가?

우리는 멕시코시티 공항에서 한가로이 세 시간을 보낸다. 오악사카행 비행기로 갈아탈 때까지 시간이 많이 남아 있기 때문이다. 일행 중 두 명(아직은 거의 모르는 사이지만 며칠만 지나면 서로에 대해 아주 잘 알게 될 것이다)과 점심을 먹으러 가는데, 그중 한 명이 내가 쥐고 있는 작은 수첩에 시선을 던진다. "맞아요." 내가 대답한다. "여행 중에 어쩌면 일기를 쓸지도 모릅니다."

"쓸 거리가 아주 많을 거예요." 그가 응수한다. "이렇게 괴짜들만 모인 집단은 찾기 힘들 테니까요."

아니, 굉장한 집단이다. 이런 생각이 머릿속에 저절로 떠오른다. 열성적이고, 순수하고, 지나치게 경쟁심을 드러내지 않고, 양치류를 사랑하는 마음으로 하나가 된 사람들. 비록 우리 일행 중 많은 사람이 엄청나게 박학다식해서 전문가를 능가하는 지식을 갖고 있지만, 우리는 아마추어다. 이 단어의 가장 좋은 의미인 '애호가', 즉 해당 분야를 사랑하는 사람들이라는 뜻이다. 내 수첩을 보았던 남자가 양치류에 관한 나의 관심과 지식에 대해 묻는다. "아, 저는 아니에요…. 그냥 여러분의 여행에 얹혀 가는 것뿐입니다."

공항에서 우리는 덩치가 아주 커다란 남자와 합류한다. 애틀랜타에서 방금 도착한 그는 밀짚모자를 쓰고 격자무늬 셔츠에 멜빵바지 차림이다. 그는 자신의 이름이 데이비드 에머리라고 밝히고, 아내 샐리를 우리에게 소개한다. 그리고 이 여행의 기획자이며 우리 모두의 친구인 존 미켈과 1952년에 오벌린에서 대학을 같이 다녔다고 말한다. 당시 존은 학부생이었고, 데이비드는 대학원생이었다. 존의 마음을 양치류 쪽으로 돌려놓은 사람이 바로 그였다. 그는 오악사카에서 존과 만날 생각을 하니 가슴이 설렌다고 말한다. 거의 50년 전 학교를 졸업한 뒤 두 사람이 만난 것은 겨우 두세 번밖에 되지 않기 때문이다. 그 두세 번은 모두 식물 탐방여행이었는데, 두 사람은 만나자마자 옛날의 우정과 열정을 되찾곤 했다. 두 사람은 서로 시간대가 다른 먼 곳에서 살고 있는데도, 만나기만 하면 그간의 세월과 공간의 거리가 모두 사라지고 양치류에 대한 사랑과 열정 속에서 하나가 되었다.

솔직히 고백하건대 나는 양치류 자체보다는 양치류의 친구들, 즉 석송(석송속屬), 속새(속새속), 바위손(바위손속), 솔잎란(솔잎란속)에 훨씬 더 관심이 많다. 데이비드는 이번 여행에서 그것들을 아주 많이 볼 수 있을 것이라고 장담한다. 1990년의 오악사카 여행에서 석송속의 새로운 종이 발견되었고, 바위손속도 오악사카에 여러 종이 존재하기 때문이다. 그중 하나인 '부활고사리resurrection fern'는 시장에서 팔고 있는데, 납작하게 눌려서 죽은 꽃잎처럼 보이는 탁한 초록색 이파리가 비를 맞으면 순식간에 놀라울 정도로 생생히 살아난다고 한다. 오악사카에는 또한 속새속 식물도 3종이 있다고 그는 말을 덧붙인다. 특히 세계에서 가장 큰 속새속도 거기에 포함되

솔잎란종種

어 있다고 한다. “그럼 솔잎란속은요?” 내가 열심히 묻는다. 솔잎란속도 있다고 한다. 그것도 두 종류나.

어렸을 때도 나는 원시적인 속새나 석송을 좋아했다. 그들이 모든 고등식물의 조상이었기 때문이다.* 내가 자란 런던의 자연사박물관 바깥에 있는 화석정원에는 거대한 석송과 속새의 줄기와 뿌리 화석이 있고, 박물관 안에는 거대한 속새들이 30미터 높이로 뻗어 있던 고생대 숲의 모양새를 추측으로 재현한 디오라마가 있었다. 그리고 내 이모님 한 분은 체셔의 숲에서 현대의 속새(키가 겨우 60센티미터였다)를 보여주었다. 빳빳한 줄기에는 마디가 있고, 맨 위에는 옹이가 있는 작은 원뿔들이 달려 있었다. 이모님은 또한 자그마한 석송과 바위손도 보여주었지만, 그중에서도 가장 원시적인 식물인 솔잎란은 보여주지 못했다. 영국에서 자라는 식물이 아니기 때문이다. 솔잎란과 비슷한 고생 솔잎란은 줄

* 내가 어렸을 때는 그렇게들 알고 있었다. 그러나 식물의 형태나 화석기록 속의 고대식물 출현 순서만이 아니라 DNA 염기서열 분석결과까지 포함된 현재의 연구결과는 그처럼 단순한 식물분류에 반기를 든다. 석송속의 식물들, 양치류(양치류의 친구들도 포함), 그리고 종자식물이 관다발식물 계통의 세 줄기를 이루고 있으며, 이들 모두가 실루리아기의 공통 조상에게서 진화해 나왔을 가능성이 있다는 것이다.

기를 통해 물을 운반하기 위해서 관다발을 발전시킨 최초의 선구적 육지식물이었다. 그 덕분에 그들은 4억 년 전에 흙이 단단한 지상에서 당당히 자리를 차지하고, 다른 모든 식물을 위해 길을 닦을 수 있었다. 하지만 사실 솔잎란은 양치류가 아니다. 양치류다운 뿌리나 이파리가 없기 때문이다. 이렇다 할 형태 없이 갈라진, 연필심보다 조금 굵은 줄기가 있을 뿐이다. 하지만 외양이 그렇게 보잘것없을지라도 나는 솔잎란을 가장 좋아했다. 그래서 언젠가 야생 상태의 그것을 보고야 말겠다고 다짐했다.

나는 1930년대에 양치류가 가득한 정원이 있는 집에서 자랐다. 어머니가 꽃을 피우는 식물들보다 양치류를 좋아하셨기 때문이다. 벽을 타고 올라가는 장미 덩굴이 있기는 했지만, 꽃밭은 대부분 양치류의 차지였다. 우리 집에는 또한 항상 따뜻하고 습한 유리온실도 있어서 커다란 석송류 양치류가 매달려 있거나 섬세한 처녀이끼과 양치류와 열대 양치류들이 자라곤 했다. 간혹 일요일에 어머니나 아니면 어머니처럼 식물에 관심이 많은 이모님 한 분이 나를 데리고 큐가든(런던 남서부에 위치한 왕립식물원—옮긴이)에 가곤 했다. 거기서 나는 지상 6미터나 9미터쯤 되는 높이에서 이파리를 왕관처럼 쓴 채 탑처럼 우뚝 서 있는 나무양치류를 처음 보았다. 하와이와 오스트레일리아의 양치류 협곡을 재현해놓은 모형도 있었다. 내 눈에는 그 협곡들이 그때까지 본 그 무엇보다도 아름답게 보였다.

어머니와 이모님들이 양치류에 열광하게 된 것은 아버지, 그러니까 내 외할아버지 덕분이었다. 할아버지는 영국이 양치류에 열광했던 빅토리아시대의 분위기에서 아직 벗어나지 못한 1850년대에 러시아에서 런던으로 이주했다. 당시에는 어머니와 이모님들이 어린 시절을 보낸 집을 포함해서 헤아릴 수도 없이 많은 집들에 다양한 양치류가 가득한 테라리엄(식물이나 뱀 등을 넣어 기르는 유리용기—옮긴이)이 있었다. 심지어 아주 희귀하고 이국적인 양치류를 테라리엄에 기르는 집도 있었다. 양치류에 대한 열기는 1870년 무렵에 거의 잦아들었지만(그로 인해 여러 종의 양치류가 멸종했다는 사실이 적잖은 영향을 미쳤다), 할아버지는 1912년에 돌아가실 때까지 테라리엄을 간직하고 계셨다.

나는 양치류의 소용돌이 모양, 끝이 돌돌 말린 모양, 빅토리아시대를 연상시키는 특징들(우리 집의 레이스커튼이나 프릴 달린 의자 등받이 덮개와 다르지 않은 모양)이 아주 마음에 들었다. 하지만 단순히 거기서 그치지 않고, 그들이 아주 먼 고대의 식물이라는 점에서 경이를 느끼기도 했다. 어머니는 우리 집을 따뜻하게 해주는 모든 석탄이 기본적으로는 양치류처럼 원시적인 식물들이 커다란 압력에 눌려 만들어진 것이라며,

둥근 석탄을 갈라보면 가끔 그런 식물의 화석이 나오기도 한다고 말씀해주셨다. 양치류는 이렇다 할 변화 없이 10억 년의 3분의 1에 해당하는 기간을 살아남았다. 공룡 같은 다른 생물들은 지상에 나타났다가 사라졌지만, 겉으로는 아주 연약해 보이는 양치류는 지금까지 지구가 겪은 모든 멸종 사건과 그 밖의 흥망성쇠를 이기고 살아남았다. 선사시대라는 세계에 대한 감각, 엄청나게 먼 과거까지 이어지는 시간감각을 가장 먼저 자극한 것이 바로 양치류와 양치류 화석이었다.

"몇 번 게이트죠?" 다들 묻고 있다. "10번 게이트예요." 누군가가 말한다. "10번 게이트라고 들었어요."

"아뇨, 3번 게이트예요." 다른 사람이 말한다. "3번 게이트는 저쪽 위에 있어요." 하지만 또다른 사람이 5번 게이트라는 말을 들었다고 주장한다. 나는 지금 이 순간까지도 게이트가 정해지지 않은 것 같은 기묘한 기분에 사로잡힌다. 결정적인 순간에 숫자 하나가 승리를 거둘 때까지는 게이트 번호에 관한 여러 소문들만 횡행하는 것 같다는 생각이 하나. 하이젠베르크의 불확정성원리처럼 게이트 번호도 불확실한 상태로 머무르다가 마지막 순간에야 비로소 확실해진다(내가 하이젠베르크의 표현을 제대로 기억하고 있는지 잘 모르겠지만, "파동함수가 붕괴한다"라고 했던 것 같다)는 생각이 또 하나. 비행기, 아니 확률로만 존재하는 비행기가 여러 게이트에서 동시에 출발해 오악사카까지 가능한 모든 길을 따라 갈 거라는 생각이 또 하나.

약간의 긴장이 감도는 가운데 마침내 게이트가 정해져서 우리는 탑승 개시 신호를 기다린다. 우리 비행기는 원래 오후 4시 45분에 출발할 예정이었는데, 지금은 4시 50분이다. 그리고 우리는 아직도 비행기에 타지 못했다(하지만 비행기는 밖에서 기다리고 있다). 일행이 또 늘어난다. 이제 일행은 모두 아홉 명이다. 아니, 일행 여덟 명과 나라고 해야 할 것 같다. 내가 다른 사람들에게서 몇 미터쯤 떨어진 곳에 혼자 앉아서 수첩에 글을 끄적이고 있기 때문이다.

나는 항상 이런 이중적인 감각을 느낀다. 마치 내가 이 지상의 삶과 호모사피엔스라는 종을 연구하는 인류학자이기라도 한 것처럼, 참여자이자 동시에 관찰자가 된 기분. (그래서 내가 템플 그랜딘Temple Grandin의 말인 "화성의 인류학자"를 내 책 제목으로 선택했던 것 같다. 나도 템플과 마찬가지로 일종의 인류학자이자 '외부인'이기 때문이다.) 하지만 이것은 글을 쓰는 사람이라면 모두 느끼는 기분이 아닐까?

마침내 우리는 비행기에 오른다. 나의 새로운 여행 동무는 우리 일행이 아닌, 나이 지긋한 대머리 남자다. 눈꺼풀이 묵직하고, 에드워드 7세 같은 턱수염을 기른 그가 럼주를 섞은 다이어트콜라를 주문한다(나는 새침을 떨면서 토마토주스를 홀짝거리고 있다). 내가 눈썹을 치뜨자 그가 농담을 던진다. "칼로리가 낮으니까요."

"그럼 럼주도 다이어트용으로 하시죠?" 내가 응수한다.

오후 5시 25분. 우리는 엄청나게 광활한 활주로를 한없이 달린다. 덜컹덜컹. 너무 덜컹거려서 글을 쓸 수가 없다. 이 거대한 도시에는, 세상에나, 1800만 명이나 되는 인구가 살고 있다(2300만 명이라고 추정하는 사람도 있다). 세계에서 가장 크고, 가장 더러운 도시 중 한 곳이다.

오후 5시 30분. 마침내 이륙! 세상을 가득 메운 얼룩처럼 보이는 멕시코시티 상공으로 비행기가 떠오르는 동안 옆자리에 앉은 승객이 갑자기 입을 연다. "저기… 화산 보여요? 이스탁시우아틀Iztaccíhuatl이라는 거요. 정상에는 항상 눈이 덮여 있지. 저기, 그 옆에 있는 건 포포카테페틀Popocatépetl이오. 머리가 구름 속에 잠겨 있는 산." 그는 갑작스럽게 완전히 다른 사람이 되어서 외국인에게 자기 나라를 자랑하고 설명해주고 싶어 한다.

포포카테페틀의 모습은 믿을 수 없을 만큼 굉장하다. 꼭대기의 칼데라(화산 폭발로 붕괴되거나 함몰되면서 생긴 우묵한 곳—옮긴이)가 똑똑히 보이고, 그 옆에는 눈에 덮인 높은 봉우리들이 솟아 있다. 이 산들은 눈에 덮여 있는데, 그보다 더 높은 화산은 그렇지 않은 것이 이상하다. 어쩌면 분화하지 않을 때에도 화산의 열기 때문에 눈이 녹아버리는 건지도 모른다. 이렇게 마법 같은 산들이 사방에 솟아 있는 놀라운 풍경을 보니, 고대 아즈텍인들이 고도 2,300미터인 이곳에 수도 테노치티틀란Tenochtitlán을 세운 이유를 알 것 같다.

옆자리 승객(그는 럼주를 섞은 콜라를 두 잔째 마시고 있다. 나도 그와 같은 것을 주문한다)이 왜 멕시코에 왔느냐고 내게 묻는다. 출장? 관광? "정확히 말하면 둘 다 아닙니다." 내가 말한다. "식물을 보려고 왔어요. 양치류 탐방여행이죠." 그는 흥미가 동하는지 자기도 양치류를 좋아한다고 말한다. 그래서 내가 말을 덧붙인다. "오악사카는 멕시코에서 양치류가 가장 풍부하게 자라는 곳이라고 하더군요."

옆자리 승객은 감탄한 기색이다. "하지만 설마 양치류만 보고 가는 건 아니죠?" 그러면서 그는 콜럼버스 이전 시대의 역사에 관해 열정적인 목소리로 유창하게 이야기를 시작한다. 마야인들이 수학, 천문학, 건축학을 놀라울 정도로 세련되게 발전시켰던 것, 그들이 아랍인들보다 훨씬 전에 0을 발견한 것, 상징성이 풍부한 예술, 테노치티틀란에 20만 명이 넘는 사람들이 살았던 것. "당시 런던이나 파리보다 많았어요. 제국이었던 중국의 수도를 제외하면 지상의 그 어떤 도시보다 인구가 많았소." 그는 원주민들이 건강하고 강했다는 이야기도 한다. 운동신경이 뛰어난 고대 원주민들이 테노치티틀란에서 바다까지 400킬로미터나 되는 거리를 릴레이로 달려서 왕족들이 매일 신선한 생선을 먹게 해주었다는 이야기. 아즈텍인들의 놀라운 통신망에 대해서도 이야기한다. 그보다 뛰어난 통신망을 지닌 곳은 페루의 잉카제국밖에 없었다고 한다. 그는 그들의 지식과 업적 중 일부는 인간의 능력을 뛰어넘는 것처럼 보인다고 결론짓는다. 마치 그들이 태양의 아이들이거나 다른 행성에서 온 방문객들인 듯하다는 것이다.

그의 이야기는 이것으로 끝이 아니다. 멕시코인들은 모두 자기 나라의 역사를 이 정도로 깊이 생각하며 과거를 이토록 고통스럽고 아련하게 의식하고 있는 걸까? 그의 다음 이야기는 코르테스Hernán Cortés와 스페인 정복자들에 관한 것이다. 그들은 새로운 무기만이 아니라 새로운 질병도 가져왔다. 천연두, 결핵, 성병, 심지어 인플루엔자까지. 스페인 정복자들이 오기 전에 멕시코에는 1500만 명의 아즈텍인들이 살고 있었지만, 그로부터 50년이 채 안 되었을 때 남아 있는 사람은 가난한 노예로 전락한 300만 명뿐이었다. 분명 많은 사람이 정복자들의 손에 목숨을 잃었지만, 유럽인들이 가져온 질병에 아무런 방비도 하지 못한 채 무릎을 꿇은 사람이 훨씬 더 많았다. 토착 종교와 문화도 퇴색해서 정복자들의 낯선 전통과 교회가 그 자리를 대신 차지했다. 하지만 이와 함께 물리적인 면에서뿐만 아니라 문화적인 면에서도 혼합이 이루어져서 비옥하고 풍요로운 토대가 마련되었다. 옆자리 승객은 멕시코의 "두 가지 본성, 두 가지 문화"에 대해서, 그렇게 "두 가지 문화가 섞인 역사"의 복잡성에 대해서, 그 역사의 부정적인 면과 긍정적인 면에 대해서 이야기한다. 그리고 비행기가 착륙할 무렵에는 멕시코의 정치구조와 제도, 부패상과 비효율, 극단적인 소득불균형에 대해서도 이야기한다. 멕시코에는 미국을 제외한 그 어떤 나라보다도 많은 억만장자들이 있지만, 절망적인 빈곤 속에서 살아가는 사람 또한 어떤 나라보다도 많다고 한다.

오악사카 시에 도착해서 비행기에서 내리자 존과 캐럴 미첼이 공항에

서 기다리고 있다. 뉴욕식물원에서 일하는 내 친구들이다. 존은 신세계, 특히 멕시코의 양치류 전문가로 오악사카에서만 새로운 종의 양치류를 60종 넘게 발견했으며 (젊은 동료인 조지프 비텔과 함께) 오악사카에 살고 있는 700여 종의 양치류를 설명한 책《멕시코 오악사카의 양치류 식물군Pteridophyte Flora of Oaxaca, Mexico》을 썼다. 그는 비밀스럽게 때로는 장소를 바꿔가며 자라는 각각의 양치류 식물을 어디서 찾을 수 있는지에 대해 그 누구보다도 잘 알고 있다. 존은 1960년에 처음 오악사카를 찾은 이래로 벌써 몇 번이나 이곳을 오갔으며, 우리를 위해 이번 여행도 준비해주었다.

그의 전문분야는 계통분류학이라서 양치류의 종을 알아내고 분류하는 것, 그들 사이에 존재하는 진화상의 관계를 추적하는 것이 그의 일이다. 하지만 그는 모든 양치류 학자들과 마찬가지로 전방위 식물학자이자 생태학자이기도 하다. 양치류가 지금의 서식지에서 자라게 된 이유, 다른 동식물이나 서식지와의 관계 등을 어느 정도 이해하지 못하면 야생 상태의 양치류를 연구할 수 없기 때문이다. 존의 아내인 캐럴은 전문적인 식물학자가 아니지만 존과 오랜 세월 함께 살아온 데다가 그녀 자신도 식물학에 열정을 품고 있기 때문에 거의 존에 맞먹는 지식을 갖게 되었다.

내가 존과 캐럴을 처음 만난 것은 1993년의 어느 토요일 오전이었다. 그때 뉴욕식물원과 상당히 가까운 브롱크스에 살던 나는 그날 마침 친구 앤드루와 함께 식물원을 구경하며 돌아다니고 있었다. 그러다가 오래된 박물관 같은 곳에 들어갔는데, 내가 양치류에 대해 열정적으로 이야기하는 것을 여러 번 들은 적이 있는 앤드루가 그날 미국양치류연구회의 모임이 있다는 공지를 발견했다. 그 연구회의 이름을 들어본 적이 없던 나는 호기심이 생겼다. 우리는 미로 같은 건물 안을 헤매다가 마침내 모임 장소를 찾아냈다. 2층의 한 방에 서른여섯 명쯤 되는 사람들이 모여 있었다. 마치 빅토리아시대의 모임 같은 분위기가 났다. 1850년대나 1870년대의 아마추어 식물학연구회 모임이라고 해도 될 것 같았다. 나중에 알았지만, 존 미켈은 그 자리에 모인 사람 가운데 정말로 몇 안 되는 전문적인 식물학자 중 한 명이었다.

앤드루가 내게 속삭였다. "자네랑 비슷한 사람들인걸." 대개 그렇듯이, 그날도 그의 말이 옳았다. 그들은 정말로 나와 비슷한 사람들이었다. 게다가 나를 알아보았는지, 자기들처럼 양치류를 좋아하는 사람으로서 나를 환영해주었다.

다양한 사람들이 모인 묘한 집단이었다. 정년퇴직자들이 많이 섞여 있어서 평균연령이 높은 편이었지만, 20대 젊은이들도 여러 명 있었다.

그들 중 일부는 식물원의 온실이나 원예부서에서 일했다. 의사나 교사 같은 전문직 종사자들도 있었고, 주부도 여러 명이었다. 버스 기사도 한 명 있었다. 도시의 아파트에 살면서 창가에 상자를 놓고 양치류를 키우는 사람도 있고, 시골에서 커다란 정원을 가꾸거나 심지어 온실까지 갖고 있는 사람도 있었다. 양치류에 대한 열정은 우리가 보통 사람들을 분류하는 여러 기준을 그냥 무시해버리고 누구든 사로잡아 삶의 일부를 차지해버릴 수 있음이 분명했다. 나중에 알았지만, 그날 모임의 참가자 중에는 100킬로미터가 넘는 길을 차를 몰고 달려온 사람들도 있었다.

나는 전문가들의 모임, 그러니까 신경학자나 신경과학자들의 모임에 참석할 때가 많다. 하지만 그날 모임의 분위기는 그런 곳들과 완전히 달랐다. 그날 모임에는 자유가 있었다. 경쟁심이 느껴지지 않는 편안한 분위기는 전문가들의 모임에서는 한번도 보지 못한 것이었다. 내가 매달 이 모임에 나가기 시작한 것은 아마도 그런 편안함과 다정함, 식물학에 대한 열정을 모두가 공유하는 분위기, 내가 직업적인 의무감을 느낄 필요가 전혀 없다는 점 때문이었을 것이다. 그전까지 나는 그 어떤 모임이나 학회에 확신을 갖고 소속된 적이 없었다. 하지만 이제는 매달 첫째 주 토요일을 열심히 기다리게 되었다. 내가 그 모임에 나가지 못할 때는 어디 외국에 나가 있거나 몸이 심하게 아플 때뿐이었다.

뉴욕지부는 1973년에 존 미켈이 설립했지만, 미국양치류연구회 자체의 역사는 1890년대까지 거슬러 올라간다. 이 연구회를 설립한 네 명의 아마추어 식물학자들은 장문의 편지를 통해 자주 연락을 주고받았다. 그들 중 한 명이 그 편지들을 모아서 《린네식 양치류 회보Linnaean Fern Bulletin》라는 제목으로 발표했는데, 그것이 전국 양치류 애호가들의 관심을 끌었다.

그래서 아마추어 애호가들이 미국양치류연구회를 시작하게 되었다. 그보다 몇 년 전에 유명한 식물학자인 존 토리John Torrey의 후원으로 좀 더 전반적인 식물학을 연구하는 모임인 토리식물학연구회가 설립된 과정과 비슷하다. 영국양치류연구회도 1890년대에 역시 비슷한 과정을 거쳐서 설립되었다. 설립 후 1세기가 지난 지금도 미국양치류연구회는 여전히 아마추어 회원이 대부분이고, 전문가는 듬성듬성 섞여 있을 뿐이다. 하지만 이 얼마나 굉장한 아마추어들인지. 내가 1993년에 이 모임을 처음으로 알게 되었을 때 만난 톰 모건은 그 뒤로도 거의 빠짐없이 모임에 나오고 있다. 길고 하얀 턱수염을 기르고 있어서 다윈과 상당히 흡사해 보이는 그는 몇 년 전부터 파킨슨병을 앓고 있을 뿐만 아니라 얼마 전에는 엉덩이뼈가 부러지는 부상을 당했는데도 도무지 지칠 줄을 모른다. 갖고 있는 지식도 엄청나다. 그는 병과 부상에도 굴하지 않고 애디론댁산맥과 로키산맥에 올랐으며, 하와이와 코스타리카의 열대우림을 걸어서 여행했다. 여행할 때는 항상 카메라와 수첩을 가지고 다니면서 새로 발견한 종과 잡종(그가 발견한 아스플레니움속 잡종은 그의 이름을 따서 아스플레니움 x 모르가니*Asplenium* x *morganii*로 명명되었다), 양치류가 자라는 특이한 장소, 다른 식물이나 특정 서식지와 양치류 사이의 기묘한 관계, 양치류가 문화적으로 특이하게 사용되는 사례(예를 들어 고사리 잎을 먹는 사례나 나도고사리삼속 식물의 차를 마시는 사례) 등을 기록했다. 그는 다윈과 마찬가지로 아마추어 박물학자의 전형이었으며, 지금은 진화론과 유전학의 최신 이론에 대해서도 잘 알고 있다. 그런데도 이 모든 것이 톰에게는 취미에 불과할 뿐이다. 그의 본업은 재료과학에서 선구적인 역할을 하고 있는 물리학자이기 때문이다. 전에 오악사카에 와본 적이 있는 톰은 내게 이번 여행을 강력히 권유했다. 하지만 그는 올해 오악사카 대신 푸에르토리코에 갈 예정이라서 이 여행에 참가할 수 없었다.

현장연구에서 아마추어들은 수백 년 전부터 그랬듯이 지금도 중요한 역할을 하고 있다. 18세기에는 아마추어 연구자들 중에 성직자가 많았다. 윌리엄 그리거William Gregor 목사는 근처 교구의 검은 모래 속에서 티타늄이라는 새로운 원소를 찾아냈고, 길버트 화이트Gilbert White의 《셀번의 자연사Natural History of Selbourne》는 지금도 내가 가장 좋아하는 책 가운데 하나다. 상세한 부분들을 관찰하고 기억하는 특별한 능력, 장소를 기억하는 능력과 자연을 사랑하는 서정적인 마음의 결합이야말로 이런 자연주의자들의 특징이다. '지질학의 아버지'로 불리는 윌리엄 스미스William Smith는 1830년대에 나이를 먹어 노인이 되어서도 "장소를 정확히 기억하는 능력이 어찌나 뛰어난지 아주 오래전에 화석을 보았던 장소를 곧장 찾아내서 화석을 가져오곤 했다"고 한다. 톰 모건도 비슷한 경우다. 내 생각에 그는 자신이 지금까지 본 중요한 양치류 식물들을 모두 기억하고 있는 것 같다. 아니 그 식물들뿐만 아니라, 그들이 자라던 장소까지 정확히 기억하고 있다.

혜성과 초신성을 가장 먼저 발견하는 사람도 아마추어 천문학자인 경우가 많다(오스트레일리아의 한 목사는 작은 망원경 하나밖에 없었지만 모든 초신성의 위치를 정확히 기억하고 있어서 1,000개의 은하에서 초신성이 발생하는 비율에 관한 독특한 연구를 할 수 있었다). 아마추어들은 광물학에서도 필수적인 역할을 한다. 연구기금이나 전문적인 지원과는 상관없이 독자적으로 움직이는 그들은 전문가들이 쉽게 갈 수 없는 장소를 찾아가 매년 새로운 종류의 광물들을 발견한다. 화석 탐사나 새 관찰의 경우도 비슷하다. 이 모든 분야에서 가장 중요한 것은 전문가가 되기 위한 훈련이 아니라 박물학자의 안목이다. 그런데 이런 안목을 기르려면 선천적인 기질, 생명에 대한 사랑, 경험, 열정이 모두 필요하다. 최고의 아마추어들은 바로 이런 것들을 갖추고 있다. 그들은 자신이 연구하는 대상에 열정과 사랑을 품고 있으며, 대개 평생에 걸쳐 현장에서 연구대상을 예리하게 관찰한 경험을 축적하고 있다. 미국양치류연구회의 전문가들은 항상 이 점을 인정하므로, 연구회는 양치류를 사랑하는 사람이라면 누구든, 설사 경험이 별로 없는 사람이라도 반가이 맞아들인다. "풋내기 중의 풋내기와 최고의 권위자라도 이 모임에서는 언제나 똑같은 회원이다." 이 연구회의 회장이 설립 40주년을 기념해서 쓴 글이다. 그리고 나야말로 바로 그런 풋내기 중의 풋내기다.

2. Saturday

이번 오악사카 여행에 참여한 30명은 대부분 미국양치류연구회의 회원들이지만, 사는 곳은 뉴욕, 로스앤젤레스, 몬태나, 애틀랜타 등 다양하다. 오늘 오악사카에서 처음으로 아침을 맞은 우리는 식사를 하며 서로 안면을 트기 시작한다. 40만 명가량의 사람들이 살고 있는 현대적인 도시의 한복판에 자리 잡은, 옛날 식민지 시대의 수도를 처음 볼 생각을 하니 가슴이 설렌다.

우리는 도시의 고지대에 위치한 호텔에서 작은 버스를 빌려 타고 가파른 길을 내려오다가 도중에 멈춰 서서 도시의 전경을 처음으로 감상한다. 앞으로 1주일 동안 우리를 안내해줄 루이스가 식민지 시대의 구시가지와 헤아릴 수 없이 많은 교회를 손가락으로 가리켜 보인다. 하지만 모두들 전혀 주의를 기울이지 않는다. 존 미켈은 차에서 내리자마자 양치류가 있는지 길가부터 훑어보고, 그와 이름이 비슷하며 뉴욕식물원에서 함께 일하는 식물학자 존 D. 미첼은 양치류뿐만 아니라 새들도 찾아보고 있다. 두 사람의 이름이 거의 똑같기 때문에 일행 사이에서 즐거운 일도, 혼란스러운 일도 벌어진다. 두 사람의 직장인 뉴욕식물원에서도 마찬가지여서 전화나 우편물이 잘못 전달되는 일이 늘 일어난다. 우리 일행 중 많은 사람은 두 사람을 구분하기 위해서 존 미첼을 JD로 부르기 시작한다. 하지만 두 사람은 이름을 제외하고는 비슷한 점이 전혀 없다. 존 미켈은 60대이고 면도를 깨끗이 했으며, 호리호리하고 강단 있어 보인다. 숱이 많은 회색 눈썹에 푸른 눈을 하고 있으며, 비가 오나 눈이 오나 항상 맨머리로 다닌다. JD는 그보다 젊고 몸집이 훨씬 크며, 거대한 턱수염을 기르고 있다. 커다란 머리에는 챙 넓은 모자를 쓰고 목에는 항상 쌍안경을 걸고 있어서 《잃어버린 세계》(코난 도일의 소설—옮긴이)의 챌린저 교수와 조금 비슷해 보인다. 그는 식물학자이지만, 오늘 내가 그를 처음 보고 받은 인상은 열정적이고 감상적인 새 관찰자라는 것이다. 그가 새 한 마리를 발견하고 신이 나서 손가락으로 가리킨다.

"저건 구릿빛, 구릿빛붉은부리벌새에요. 고구마속屬 식물에서 나오고 있어요." 그가 속삭인다. "정말 예쁘죠? … 아, 이런? 저기서 벌레를 쫓느라 멋대로 돌아다니고 있는 건 노란엉덩이솔새잖아요."

스코트 모리(나중에 알았지만, 이 사람도 뉴욕식물원에서 일하고 있으며, 올해 토리식물학연구회의 회장을 맡았다)는 야생 담배를 채취하려고 서둘러 절벽을 내려간다. 그는 그 식물을 살펴보고는 "니코티아나 글라우카 *Nicotiana glauca*"라고 중얼거린다. 니코티아나 아프리카나*Nicotiana africana*라는 식물이 있기는 하지만, 니코티아나를 담배로 사용하게 된 것은 순전히 신세계에서 유래한 일이며 그 역사도 적어도 2,000년 전까지 거슬러 올라간다고 스코트는 말한다.

시내로 들어가기 위해 다시 줄지어 버스에 오르는 동안 스코트는 담배의 초기 역사를 우리에게 일깨워준다. 그리스도 시대 무렵에 담배는 아메리카 대륙의 거의 모든 곳에서 자라고 있었을 것으로 추정된다. 11세기에 만들어진 토기에는 마야인 남자가 담뱃잎을 돌돌 말아 끈으로 묶은 것을 피우는 모습이 묘사되어 있다. 흡연을 뜻하는 마야어는 '시카르Sik'ar'다(나는 오랫동안 시가를 즐겨 피웠는데도, 그 단어가 마야어에서 유래했다는 사실을 전혀 모르고 있었다!).

스코트의 이 설명을 계기로 다들 담배의 역사에 대해 한마디씩 하기 시작한다. 콜럼버스는 신세계에 처음 발을 디뎠을 때 원주민들에게서 과일과 "독특한 향기를 풍기는 말린 잎"을 선물로 받았다. 그는 과일을 먹었지만, 말린 잎은 어디에 쓰는 물건인지 전혀 알 수 없어서 부하들을 시켜 배 밖으로 던져버렸다. 몇 년 뒤 쿠바를 방문한 탐험가 로드리고 데 헤레스Rodrigo de Jerez는 원주민들이 담배 피우는 것을 보고 그 풍습을 스페인으로 가져왔다. 그의 이웃들은 그의 코와 입에서 연기가 뭉클뭉클 쏟아져 나오는 것을 보고 깜짝 놀라서 종교재판소에 이를 알렸고, 헤레스는 7년간 감옥에 갇혀 있어야 했다. 하지만 그가 감옥에서 나올 무렵 스페인 사람들은 이미 담배에 열광하고 있었다.

그다음에는 모든 영국인이 학교에서 배우는 당연한 이야기들이 쏟아진다. 월터 롤리Walter Raleigh 경이 영국에 담배를 전했다는 이야기(그의 하인은 주인의 몸에 불이 붙은 줄 알고 깜짝 놀라서 물 한 동이를 끼얹었다), 《선녀여왕》(영국 시인 스펜서의 대표작—옮긴이)에 담배가 명예롭게 언급되어 있는 이야기, 함축적인 표현을 좋아하던 엘리자베스 시대 사람들이 담배를 '주정뱅이 풀sot-weed'로 불렀다는 이야기, 엘리자베스 여왕이 상당히 나이를 먹은 뒤인 1600년에 담배를 배우게 되었다는 이야기. 그리고 또 《굴뚝청소부의 일Worke of Chimney Sweepers》(1601)에서 담배가 비난받은 이야기, 《담배를 위한 변호A Defense of Tobacco》(1603)가 담배를 옹호한 이야기, 다른 사람도 아닌 제임스 국왕 자신이 담배를 다시 공격한 이야기(《담배의 반격A Counterblaste to tobacco》)가 속사포같이 이어진다. 하지만 왕의 반대와 세금에도 불구하고 1614년경에 "런던 일대에는 담배를 판매하는 가게가 7,000곳이나" 있었다. 신세계의 선물이 구세계 전역에서 재빨리 받아들여진 것이다.

이제 우리는 오악사카 구시가지 중심부에 도착했다. 이곳의 거리들은 16세기에 조성된 그대로 남북으로 이어진 단순한 격자 모양이다. 몇몇 거리에는 정치가의 이름이 붙어 있다. 포르피리오 디아스(Porfirio Díaz, 1876~1880, 1884~1911년에 멕시코의 대통령을 역임한 정치가—옮긴이) 거리가 한 예다. 하지만 박물학자의 이름을 딴 거리들도 있어서 우리는 즐거워한다. 나는 훔볼트 거리를 발견한다. 위대한 박물학자인 알렉산더 폰 훔볼트는 1803년에 오악사카를 방문한 뒤 《개인적인 이야기》에서 그때의 경험을 묘사했다. 존 미켈은 콘사티 공원을 가리킨다. 그의 설명에 따르면, 콘사티Cassiano Conzattii는 전문적인 식물학자가 아니라 1920년대와 1930년대에 오악사카에 살았던 교사 겸 행정가였다.

하지만 그는 아마추어 식물학자이자 멕시코 최초의 양치류 학자로서 1939년에 멕시코의 양치류 600여 종을 기록으로 남겼다.

한편 JD는 망고나무에 앉아 있는 풍금조를 발견해서 자신의 목록에 추가한다.

우리는 식민지 시대의 훌륭한 교회인 산토도밍고에 들른다. 웅장한 바로크 양식으로 지어진 이 교회는 거대하고 눈부시고 압도적이며, 한 치도 빠짐없이 금박이 입혀져 있다. 교회의 구석구석에서 권력과 부의 느낌이 뿜어져 나온다. 점령자가 자신의 힘과 부를 이런 식으로 선언한 것이다. 여기에 사용된 금 중 노예들이 캐낸 것은 과연 얼마이며, 스페인 정복자들이 아즈텍의 보물을 녹여 가져온 것은 또 얼마일지 궁금하다. 이 웅장한 교회를 짓는 데 얼마나 많은 노예들의 비참함과 분노와 죽음이 들어갔을까? 그런데도 이곳의 조각상은 크고 이상화된 모습의 그리스 조각상들과는 반대로 덩치가 작고 안색도 가무잡잡하다. 현지인들을 모델로 해서, 종교적 이미지를 현지화했음이 분명하다. 천장에 화려하게 그려진 거대한 황금색 나무의 가지에는 궁정과 교회의 귀족들이 앉아 있다. 교회와 국가가 하나로 섞인 것이다.

화려하게 금박이 입혀진 성모의 그림이 어두운 신도석 중앙에서 번쩍거린다("이런, 세상에, 저것 좀 봐요!" JD가 속삭인다). 그 아래에 아마도 수녀인 듯싶은 검은 옷의 여인이 무릎을 꿇고 앉아 있다. 노래를 부르는 건지 기도를 드리는 건지는 모르지만, 그녀의 갈라진 목소리가 간헐적으로 높아졌다 잦아든다. 그녀는 지금 황홀경에 빠져 있다. 마치 연극을 하는 배우 같은 느낌이 난다. 기도를 하고 싶다면 이렇게 시끄러운 소리를 내지 않고 조용히 해도 될 텐데. 하지만 다른 사람들은 그녀의 모습이 아름답고 감동적이라고 생각한다.

교회 앞의 거리에는 해먹, 목걸이, 나무칼, 그림 등을 파는 상인들이 줄줄이 늘어서 있다. 나는 여러 색으로 된 해먹과 날씬한 나무칼을 산다. 스코트도 나와 같은 것을 산다("그냥 돈을 널리 뿌리기 위해서예요." 그가 말한다). 거리 맞은편에는 아주 작은 가게들이 있는데, 그중에 '가스텐테롤리아 엔도스코피카Gastenterolia Endoscopica'라는 이름이 눈에 띈다. 어리석은 나는 이 신성한 교회 앞에서 결장, 위장, S상결장 내시경검사(각각 colonoscopy, gastroscopy, sigmoidoscopy로 가게의 이름과 발음이 비슷하다—옮긴이)를 받으려는 사람이 어디 있겠느냐는 생각을 하고 있다.

안내인 루이스는 여전히 우리에게 정보를 알려주려고 열심이다. "여기는 '코르테스의 집'입니다. 코르테스가 여기에 온 적은 한번도 없지만, 만약 그가 한 번이라도 오악사카에 온 적이 있다면 이 집에서 살았을 겁니다. 여기가 그의 '공식적인' 집이니까요." 집 옆의 거리에는 휘발유를 가득 실은 트럭이 서 있다. '밀레아니아 가스Millenia Gas'라는 상호가 적혀 있는 트럭이다.

그런데 아름답기 그지없는 건축물인 교회 앞에 어찌 된 영문인지 꼴사나운 정원이 있다. 불그스름한 흙이 깔린 커다란 사각형 땅 두 곳에 물기가 많고 나무와 비슷하게 생긴 에케베리아(*Echeveria*, 공상소설 속의 식물 괴수와 비슷하게 생긴 기괴하고 무서운 식물이다)가 잔뜩 심어져 있는 것이다. 오로지 에케베리아뿐, 다른 식물은 전혀 없다. 예전에는 다양한 식물이 자라는 기분 좋은 정원이었던 것 같은데, 누가 무슨 생각을 한 건지 그 식물들을 없애버리고 붉은 화성을 연상시키는 기괴한 풍경을 조성해놓았다.

우리는 산토도밍고에서 몇 블록 떨어진, 작지만 향내가 가득한 향신료 가게에 들른다. 식물학을 좋아하는 우리 일행은 식물이자 음식인 향신료들에 반해버린다. 스코트가 콜럼버스 이전에 적어도 150종의 식물이 인간의 손에 길들여져서 재배되고 있었다고 내게 말해준다. 우리는 모든 식물을 라틴어 학명과 일반적인 이름으로 구분해보고, 코로 미묘하게 다른 냄새들도 구분해본다. 일행 중 많은 사람이 집으로 가져가겠다며 이국적인 향신료들을 산다. 나는 차마 용기를 내지 못해서 피스타치오와 건포도 정도로 만족하기로 한다.

칠리를 건초 더미처럼, 아니 성처럼 단단하게 높이 쌓아놓은 것이 보인다. 밝은 초록색, 노란색, 오렌지색, 진홍색. 이런 것들이 오악사카 특유의 모습인 것 같다. 일반적으로 사용되는 칠리는 적어도 스무 종이다. 칠레 데 아구아, 칠레 포블라노, 칠레 세라노는 가장 흔히 볼 수 있는 것들이고, 칠레 아마리요, 칠레 안초, 칠레 데 아르볼, 칠레 치포틀레, 칠레 코스테노, 칠레 구아히요, 칠레 모리타, 칠레 물라토, 칠레 파시야 데 오악사카, 칠레 피킨, 그 밖에 칠후아클레라는 이름으로 분류되는 칠리 등이 있다. 이들이 모두 별도의 종인지, 아니면 인류가 길들이는 과정에서 만들어진 변종인지 궁금하다. 이 다양한 칠리는 모두 맛, 질감, 매운 정도 등 오악사카 사람들의 미각이 민감하게 구분해낼 수 있는 여러 부분에서 저마다 다른 특징을 지니고 있을 것이다. 뉴욕에서는 '파우더드 칠리'라는 라벨이 붙은 병 속의 칠리밖에 보지 못했기 때문에 내가 맛을 아는 칠리도 아직까지는 그것뿐이다.

향신료 가게 바로 맞은편에는 초콜릿 공장이 있다. 초콜릿 원두를 굽는 냄새에 칠리, 계피, 아몬드, 정향 등의 냄새가 섞여 있다. 길에서 볼 때 이 초콜릿 공장은 아주 작아 보이지만, 일단 눈부신 태양을 피해 안으로 들어가서 입구를 절반쯤 막고 있는 코코아 열매 자루들을 지나면 놀라울 정도로 넓은 공간이 나타난다. 일행 중 한 명인 로빈 모런이 카카오나무와 얽힌 자신의 경험담을 내게 들려주기 시작한다. 수줍음이 많아서 잘 나서지 않는 편인 그는 뿔테 안경을 쓰고 있어서 20대 후반이나 30대의 박사후과정 학생처럼 보인다. 하지만 사실은 젊게 보이는 마흔네 살로, 존처럼 뉴욕식물원에서 양치류 학예사로 일하고 있다.

카카오나무의 이파리는 크고 광택이 나며, 작은 꽃들과 자줏빛이 도는 커다란 꼬투리는 줄기에서 직접 자란다. 꼬투리를 열면 하얀 과육 속에 박혀 있는 씨앗들이 드러난다. 이 씨앗이 바로 카카오 원두인데, 꼬투리를 처음 열었을 때는 크림색이지만 공기와 접촉하면 라벤더색이나 자주색으로 변하기도 한다. 하지만 과육은 농도가 아이스크림과 거의 비슷하고, 달콤하고 좋은 맛이 난다고 로빈이 말한다. "카카오나무를 찾아내는 것은 채집활동 중의 즐거움이죠." 그가 말한다. "버려진 초콜릿 농장을 날이면 날마다 볼 수 있는 건 아니지만, 여기 멕시코뿐만 아니라 에콰도르나 베네수엘라에서도 그런 농장을 많이 볼 수 있어요." 그는 또한 달콤한 점액질의 과육이 야생동물들을 끌어들인다고 덧붙인다. 동물들은 달콤한 과육만 먹고 맛이 쓴 씨앗은 그냥 버린다. 그러면 씨앗이 자라 새로운 묘목이 되는 것이다. 카카오 꼬투리는 껍질이 질겨서 저절로 벌어지지 않기 때문에, 달콤한 과육에 이끌려온 동물들이 없다면 스스로 씨앗을 퍼뜨릴 수 없을 것이다. 로빈은 먼 옛날 인류가 동물들의 움직임을 관찰한 뒤 그들을 흉내 내서 꼬투리를 열어 달콤한 과육을 즐겼을 것이라고 추정한다. 지금 그도 카카오나무를 만날 때마다 그렇게 하고 있으니까.

아마도 먼 옛날의 중앙아메리카인들은 씨앗에 과육이 조금 붙은 상태로 1주일 정도 놓아두면 발효가 일어나면서 씨앗이 덜 쓰게 변한다는 사실을 수천 년의 세월이 흐르는 동안 알아내고, 씨앗 또한 소중히 보관해야 한다는 사실을 터득했을 것이다. 그렇게 보관한 씨앗을 말려서 구우면 완연한 초콜릿 향이 나는데, 우리 일행이 지금 직접 눈으로 보고 코로 냄새를 맡고 있는 광경이 바로 그것이다.

이제 진한 갈색으로 변한 구운 원두의 껍질을 벗겨서 분쇄기로 가져간다. 그리고 여기서 마지막 기적이 일어난다. 분쇄기에서 나오는 것은 가루가 아니라 따뜻한 액체다. 마찰열 때문에 코코아 버터가 녹아서 진한 초콜릿 액체가 만들어지는 것이다.

모양과 냄새가 대단히 매력적이기는 하지만, 이 액체를 마시기는 아주 힘들다. 맛이 엄청나게 쓰기 때문이다. 마야인들은 여기에 향신료,

맷돌로 간 옥수수 등을 넣어서 조금 다른 맛을 만들어냈다(그들이 이렇게 만들어낸 '초코 아Choco ha', 즉 '쓴 물'은 걸쭉하고 차갑고 쓴 액체였다. 마야인들이 아직 설탕의 존재를 몰랐기 때문이다). 때로는 칠리를 첨가하기도 했다. 이 액체를 카카후아틀Cacahuatl이라고 불렀던 아즈텍인들은 이것이 모든 음료 중에서 가장 영양이 풍부하다고 생각했기 때문에 귀족들과 왕만이 이 음료를 마실 수 있었다. 그들은 이 음료가 신들의 음식이라고 생각했으며, 카카오나무는 원래 낙원에서 자라던 것이지만 자기들의 신인 케찰코아틀Quetzalcoatl이 그것을 훔쳐서 인류에게 전해주었다고 믿었다. 케찰코아틀은 카카오나무 한 그루를 든 채로 샛별의 빛을 타고 하늘에서 내려왔다고 한다. (로빈에 따르면, 사실 다른 수많은 생물들과 마찬가지로 카카오나무의 원산지 역시 아마존일 가능성이 높다고 한다. 하지만 우리는 케찰코아틀의 신화를 잊지 않고, 이 나무의 학명에 '신들의 음식'을 뜻하는 '테오브로마Theobroma'라는 단어를 집어넣었다.) 이 나무는 과거에도 희귀종이었다. 로빈에 따르면, 지금은 대추야자나 아보카도처럼 이 나무 역시 야생종은 거의 멸종했을 가능성이 있다고 한다.* 하지만 카카오나무는 2,000년이 넘게 멕시코에서 재배되었으며, 신성한 음료의 원료로만 쓰인 것도 아니었다. 카카오 꼬투리가 다산의 상징이었기 때문에 조각작품에 즐겨 등장했으며, 편리한 화폐 역할도 했다(카카오 원두 네 개로는 토끼 한 마리, 열 개로는 매춘부 한 명, 백 개로는 노예 한 명을 살 수 있었다). 그래서 콜럼버스는 카카오 원두를 스페인으로 가져와 페르디난드와 이사벨라에게 신기한 물건이라며 바쳤지만, 그것이 특별한 음료의 원료이기도 하다는 사실은 전혀 몰랐다.

코코아의 역사에는 신화와 전설이 다닥다닥 붙어 있는 것 같다. 전설에 따르면, 아즈텍 최후의 황제 몬테수마가 거품이 이는 초콜릿을 하루에 40~50잔씩 마셨으며, 이것이 그에게는 최음제 역할을 했다. 또 다른 전설에 따르면, 몬테수마가 코르테스에게 초콜릿을 한 잔 권했는데, 그 쓰고 맵고 뜨거운 맛에 코르테스는 정신이 아득해졌지만 그래도 완전히 넋을 잃지는 않았는지 초콜릿을 담은 잔이 순금으로 만들어졌다는 것을 알아보고는 멕시코에 황금이 가득해서 자기가 얼마든지 가져갈 수 있겠다는 생각을 했다고 한다. 그가 이 쓴 음료에 단맛을 첨가하면 온 유럽인의 마음을 사로잡아 스페인이 수지맞는 독점사업을 할 수

---

* 코니 발로Connie Barlow는 《진화의 유령The Ghost of Evolution》에서 야생 아보카도가 거의 멸종 지경에 이른 것은 1만 2,000년 내지 1만 3,000년 전에 거대 전치류(Toxodon, 남아메리카에 살던 거대 초식 포유류 ― 옮긴이)를 비롯한 거대 초식 포유류(자이언트땅늘보, 글립토돈, 곰포테레 등)가 사라졌기 때문이라는 의견을 내놓았다. 이들은 몸집이 커서 아보카도 과실을 통째로 삼킬 수 있었으며, 대변을 통해 숲 여기저기에 씨앗을 퍼뜨리는 역할을 했다. 그런데 이 거대 포유류가 멸종하자 맥과의 포유류들처럼 그보다 몸집이 작은 동물들은 씨앗 주위의 과육만 갉아먹은 뒤 씨앗을 그냥 뱉어버렸기 때문에 씨앗이 널리 퍼질 수 없었다. 지금은 대추야자의 경우와 마찬가지로 아보카도 역시 기본적으로 인간의 농사를 통해서만 생명을 유지하고 있다. 얄궂은 것은 홍적세에 거대 포유류가 멸종한 것이 어쩌면 사냥이라는 형태로 인간이 개입한 탓일 수 있다는 점이다.

있을 거라고 생각했다는 이야기도 있다. 전해오는 이야기에 따르면, 최초의 카카오 농장을 계획한 사람이 바로 코르테스라고 한다.

카카오 가게에서 우리에게 김이 모락모락 나는 초콜릿을 한 잔씩 권한다. 오악사카식으로 아몬드와 계피로 향을 내고 단맛을 첨가한 초콜릿이다. 16세기에 스페인인들이 개발한 음료와 비슷한데, 스페인인들은 이 음료를 만드는 복잡한 과정을 50년이 넘도록 비밀로 했다. 하지만 결국은 비밀이 새어나가서 1650년대 무렵에는 암스테르담과 런던에도 초콜릿을 파는 곳들이 생겨났고, 곧 유럽 전역으로 퍼져나갔다(사실 찻집이나 커피점보다 초콜릿 가게가 먼저 생겼다). 이 초콜릿 음료는 프랑스 궁정에서 특히 크게 히트했다. 최음 효과를 높이 인정받았기 때문인데, 퐁파두르Pompadour 부인은 이 음료에 용연향을 섞었고, 뒤바리du Barry 부인은 이 음료를 연인들에게 주었으며, 괴테는 어디를 가든 항상 자신의 초콜릿 주전자를 가지고 다녔다.

프루스트에게 기억의 문을 열어주고, 자기만의 의미와 추억이 가득한 세계를 불러내 보여준 것은 마들렌이었다. 하지만 이곳 오악사카의 초콜릿 공장에서는 정반대라고 할 만한 일이 벌어졌다. 초콜릿에 관한 지식들이 차곡차곡 모여서(내가 책을 읽어서 알게 된 것도 있고, 로빈이 이야기해준 것도 있고, 가게 주인이 이야기해준 것도 있다) 지금 내가 마시고 있는 이 뜨거운 코코아 속으로 쏟아져 들어가 특별한 깊이를 만들어낸 것 같다.

하지만 궁금하다. 사람들은 왜 어디서나 이토록 강렬하게 초콜릿을 원하게 된 걸까? 초콜릿 제조비법이 밝혀진 뒤 그토록 신속하게 유럽 전역으로 번져나간 이유가 무엇일까? 요즘도 거리마다 초콜릿 상점이 없는 곳이 없고, 군용 배급품에도 초콜릿이 포함되고, 남극대륙이나 우주에 나가는 사람들까지 초콜릿을 가져가는 이유가 무엇일까? 모든 문화권의 사람들이 이토록 초콜릿에 열광하는 이유가 무엇일까? 체온에서 녹는 초콜릿의 독특하고 특별한 질감, '입 안의 느낌' 때문일까? 초콜릿에 들어 있는 카페인과 테오브로민 등 가벼운 흥분제 때문일까? 하지만 콜라 열매와 과라나에는 이런 성분이 더 많이 들어 있다. 그럼 최음제 효과를 낸다고 알려져 있는, 가벼운 흥분과 도취감을 일으키는 성분인 페닐에틸아민 때문일까? 이 성분은 치즈와 살라미에 더 많이 들어 있다. 그럼 초콜릿의 아난다미드 성분이 뇌의 카나비노이드(대마의 핵심 성분—옮긴이) 수용체를 자극하기 때문일까? 아니면 이런 것들과는 완전히 다른 미지의 요인이 있는 걸까? 그것은 맛의 미학은 말할 것도 없고, 뇌의 화학작용에 관해서도 새롭고 중요한 단서를 제공해줄 수 있는 요인일까?

우리는 초콜릿과 향신료를 가득 들고 버스로 돌아와 다시 호텔로 가는 길에 오른다. 하지만 장이 열리는 토요일이기 때문에 중앙시장에 한 번 더 정차한다. 한 블록 전체에 가죽, 천, 옷가지 등을 파는 노점들이 복잡하게 다닥다닥 늘어서 있다.

우리 일행은 당연히 과일과 채소 노점들 옆을 그냥 지나치지 못하고 정신적으로도 신체적으로도 그것들을 만져보고 조사해본다. 처음에는 심오한 식물학적 지식을 동원해서 그 식물들의 정체를 파악하고 비교해본 뒤, 그 다양한 맛에 황홀한 한숨을 내쉰다(가끔 "헉!" 하는 소리도 들린다). 엄청나게 다양한 색깔과 크기의 바나나들이 보인다. 그런데 그 중에서 가장 단맛이 나는 것은 뜻밖에도 작디작은 초록색 바나나다. 오렌지, 라임, 귤, 레몬, 그리고 자몽, 아니 왕귤도 있다. 세련되지 못한 서양배 모양의 이 왕귤은 자몽의 야생 조상이다(17세기에 섀덕[Shaddock, 왕귤을 뜻하는 영어 단어도 shaddock이다—옮긴이] 선장이 바베이도스에서 왕귤 씨앗을 처음 가져왔다고 우리 일행 중 한 사람이 말한다). 비파나무 열매처럼 보이지만 그것과는 다른 만자니타manzanita도 있다. 스코트는 멕시코 산사나무인 크라타에구스*Crataegus*에서 만자니타가 자란다면서 나중에 탐방을 나가면 크라타에구스가 어떻게 생겼는지 알려주겠다고 내게 말한다.

껍질은 초록색이 감도는 검은색으로 반짝이고 크기는 테니스공만 한 사포딜라sapodilla도 보인다. 이것들은 고욤date plum이라고 불리며, '마멀레이드 나무'(사포딜라과 나무 중 하나—옮긴이)에서 자란다고 누군가가 말한다. 나는 혹시 놀림을 당하는 게 아닌가 미심쩍어 하면서 그 검은 과육을 베어 문다. 과육은 감처럼 끈적거리지만 대추야자date 맛도, 서양자두plum 맛도, 마멀레이드 맛도, 감 맛도 나지 않는다. 구아바, 시계꽃 열매, 파파야도 보이고, 과육이 빨갛고 즙이 많은 다양한 선인장 열매도 보인다. 기둥선인장 열매도 있고, 백년초 열매도 있다. 시계꽃 열매의 안쪽은 개구리 알이나 도롱뇽 알처럼 보이지만, 내 생각에는 그 어떤 열매보다도 맛있는 것 같다.

채소도 엄청나게 다양하다. 콩도 지금까지 상상도 하지 못했을 만큼 다양한 종류가 있어서, 콩이 옥수수와 함께 여전히 중앙아메리카 사람들의 주식이라는 사실을 새삼 실감한다. 옥수수와 콩이 이곳 사람들의 주식이 된 것은 8,000년 전 농업의 여명기부터였다. 콩에는 옥수수에 부족한 아미노산이 들어 있고 단백질이 풍부하기 때문에, 이 두 가지를 함께 먹으면 필요한 아미노산을 모두 섭취할 수 있다. 하얀 분필 같은 석회암 덩어리들이 사방에 보인다. 옥수수를 갈 때 석회암을 넣으면 아미노산이 소화하기 더 쉬운 상태로 변하기 때문이다.* 마름이나 스위트피와 비슷한 맛이 나는 거대한 원뿔형 뿌리가 있는 히카마(jicama, 콩과 식물 중 하나—옮긴이), 온갖 종류의 토마토도 보였다. 하지만 그보다 훨씬 더 인기를 끈 것은 토마티요tomatillo, 즉 종이 같은 껍질 속에 초록색 과육이 들어 있는 꽈리husk-tomato였다. 이 열매는 녹색 살사소스를 만드는 데 쓰인다. 토마토와 토마티요가 '인디언 옥수수'나 감자와 마찬가지로 신세계가 유럽에 준 선물이었다는 생각이 든다. 그전에 유럽 사람들은 이런 열매를 본 적이 없었다. (사실 유럽인들은 처음에 토마토를 아주 수상쩍은 시선으로 바라보았으며, 오랜 세월이 흐른 뒤에야 비로소 토마토에 독이 없다는 말을 받아들였다. 토마토는 감자와 마찬가지로 가지과에 속한다. 그런데 가지과에는 산사나무 열매, 사리풀처럼 특히 무서운 식물들이 잔뜩 속해 있다. 사실 토마토와 감자도 치명적인 독초인 벨라돈나belladonna와 같은 속에 속하기 때문에, 유럽인들이 조금 머뭇거린 것도 이해할 만하다.)

우리는 물론 양치류를 좋아하는 사람들이므로, 몇몇 양치류가 약용

---

* 형광성 광물을 좋아한다는 공통점을 지니고 있는 로빈과 나는 석회암에 호기심이 일어서(우리는 뉴저지의 프랭클린 광산에서 형광성 방해석[석회암의 주성분—옮긴이]을 본 적이 있다) 한 조각을 호텔로 가져와 로빈이 갖고 있던 자외선 등燈으로 조사해보았다. 석회암은 눈부신 형광빛을 내면서, 달아오른 석탄처럼 밝은 오렌지색으로 빛났다.

으로 판매되고 있는 것도 놓치지 않는다. 말린 속새는 혈액질환을 다스리는 약과 이뇨제로 쓰이고, 토끼발고사리(플레보디움*Phlebodium*속)의 뿌리도 약으로 쓰인다. 그리고 데이비드가 공항에서 내게 말해주었던 부활고사리의 말린 잎도 팔리고 있다. 하지만 이 이파리가 어디에 쓰이는지 아는 사람은 하나도 없는 것 같다.

아름다운 하얀 양파, 바나나, 털을 뽑은 닭고기, 매달아놓은 고기 … 샌들, 모자(나는 아주 멋들어진 밀짚모자를 1달러에 산다), 도자기, 깔개. 하지만 무엇보다도 놀라운 것은 사람들이다. 시장에 다양한 물건과 풍경이 어찌나 넘쳐나는지 나는 마지못해 수첩을 집어넣는다. 이곳의 변화무쌍한 풍경을 제대로 묘사할 엄두라도 내기 위해서는 나보다 더 재능 있고, 더 활기찬 사람이 필요하다. 게다가 무신경한 관광객으로 오해를 받아서 이곳 사람들의 반감을 사는 것도 꺼려진다.

카메라를 가져올 걸 그랬다는 생각이 간절하지만, 사진을 찍었다가는 더욱더 반감을 살지도 모른다(시장을 지나가면서 물건은 하나도 사지 않고 귀엽고 멋진 것이라면 물건과 사람을 가리지 않고 무조건 사진을 찍어대던 외지인들이 실제로 반감을 산 적이 있다).

다시 버스에 올라 몇 가지만 간략히 메모한다. 다양한 크기의 돼지들을 뒷발에 줄을 매어 묶어둔 모습. 가죽을 벗긴 양과 염소의 사체에서 나는 고약한 냄새! 말라붙은 강 옆의 염소. 숯과 나무를 파는 사람들.

코르테스와 함께 행군했던 베르날 디아스 델 카스티요Bernal Díaz del Castillo는 《뉴 스페인의 발견과 정복에 관한 진실한 역사True History of the Discovery and Conquest of New Spain》(그가 훨씬 나중에 노인이 되어서 쓴 책이다)에서 1519년에 테노치티틀란 근처에서 본 커다란 시장의 풍경을 묘사했다. 그곳에서 팔리는 갖가지 물건들의 목록만 해도 몇 페이지나 된다. 그는 돌칼에서부터 인간노예에 이르기까지 모두에 대해 "상품의 분류"도 해두었다.

> 각각의 상품은 정해진 장소에서 따로따로 팔렸다. 먼저 금, 은, 귀금속, 깃털, 망토, 자수제품을 파는 장사꾼들이 있다. 그다음은 인디언 남녀 노예를 파는 상인들이다. … 그들은 긴 장대에 노예들을 묶어 데려왔다. 노예들이 도망치지 못하게 목줄도 걸어두었다. 하지만 자유롭게 놓아둔 노예들도 있었다. 노예상들 옆에는 천을 파는 상인들, 실을 꼬아 만든 물건들을 파는 상인들이 있었고, 카카오를 파는 '카카후아테로'들도 있었다. … 에네켄[henequen, 용설란류類] 섬유로 짠 천과 밧줄, 역시 같은 식물로 만들어서 자기들도 신고 있는 샌들, 단맛이 나는 뿌리식물 요리, 기타 뿌리식물들을 파는 상인들이 있었다. … 또 다른 구역에는 호랑이와 사자 가죽, 수달

과 자칼 가죽, 사슴을 비롯한 여러 동물과 오소리와 퓨마의 가죽, 무두질한 가죽과 그렇지 않은 가죽, 그리고 다른 종류의 상품들이 있었다.

디아스는 하던 이야기를 자꾸만 멈추고 또 새로운 물건을 추가해 넣는다. 벌써 50년도 더 전에 본 광경이 80대에 이르러 눈도 거의 보이지 않는 노인이 된 그의 머릿속에 여전히 생생히 살아 있는 탓이다.

… 콩과 세이지와 기타 채소들과 허브 … 새고기, 목이 늘어진 수탉, 토끼, 사슴, 청둥오리, 강아지, 기타 비슷한 것들 … 과일장수 … 요리한 음식, 반죽, 내장 … 헤아릴 수 없이 다양한 형태의 온갖 토기들 … 꿀과 꿀빵과 견과류빵 같은 진미들 … 목재, 널빤지, 요람, 각목, 석재, 작업대 … 종이 … 담배와 노란색 연고들 … 이 커다란 시장의 아케이드 밑에는 코치닐(cochineal, 연지벌레에서 추출한 선홍색 염료—옮긴이)이 많이 진열돼 있다. … 소금을 팔던 사람들, 돌칼을 만들던 사람들은 잘 기억나지 않는다. … 호리병박과 화려하게 색칠된 나무단지들. 그곳에서 팔리던 물건들을 이제 모두 다 말한 것이라면 좋겠지만, 물건들이 워낙 헤아릴 수 없이 많고 질도 다양하고 아케이드에 둘러싸인 커다란 시장에 워낙 사람들이 북적거려서 이틀 만에 모든 것을 보고 알아보는 것은 불가능했다.

3. Sunday

오늘 우리는 산을 넘어 야노 데 라스 플로레스(Llano de las Flores, 꽃의 초원)로 식물 탐방을 나갈 것이다. 하지만 지금은 건기가 한창인 1월이기 때문에 꽃은 볼 수 없을 것이다. 중심부의 봉우리들과 계곡은 정말로 사막처럼 바싹 말라서 갈색으로 변해 있다. (이곳이 다른 모습으로 변하는 것은 잘 상상이 가지 않지만, 우기에 꼭 다시 한번 와봐야겠다는 생각이 든다. 그때는 리기델라Rigidella, 눈부신 진홍색 꽃이 피는 붓꽃이 이곳을 카펫처럼 뒤덮을 것이다.)

우리는 어쩌면 비가 올지도 모르는 고산에 오르기 위해 갖가지 장비를 갖추고 호텔 앞에 모인다. 곧 고도 2,700미터 이상까지 올라가게 될 것이다. 우리는 옷을 여러 겹 껴입었다. 열대의 계곡에서 얼어붙을 듯이 추운 겨울 날씨의 강우림까지 가는 동안 처음에는 옷을 벗었다가 다시 겹겹이 껴입을 것이다. 우리는 또한 채집 장비도 갖고 있다. 식물 표본을 담을 비닐봉지가 대부분이다(내 어린 시절의 양철 채집상자와는 얼마나 다른가!). 렌즈, 카메라, 쌍안경도 목에 걸고 있다. 우리에게는 성경과 마찬가지인 《멕시코 오악사카의 양치류 식물군》을 챙겨 나온 사람도 여럿이다.

한 젊은 여성(이 지역의 식물원에서 일하는 사람이다)은 식물 압착기를 갖고 있다. 그 기계를 보니 우리가 채집해도 되는 식물이 어떤 것인지 궁금해진다. 포자를 채집하는 것은 아무 문제도 없다고 한다. 존은 종이를 접어 포자를 싸는 법에 대해 일러준다. "매끈하고 보기 좋은" 방법이라고 한다. "스카치테이프는 사용하지 마세요. 포자가 거기 들러붙으니까요!" 그가 말을 덧붙인다. 하지만 다른 것들을 채집하는 데에는 엄격한 규제가 있다. 그리고 우리는 식물을 미국으로 가져갈 수 있는 허가증이 없다. 이파리만 채집하는 것은 상관없지만, 식물 전체나 묘목을 가져갈 수는 없을 것이다. 따라서 모든 것을 사진으로 기록해놓는 편이 좋겠다는 설명이 이어진다. (거의 모든 사람이 접사용 렌즈를 가져왔지만, 나는 멍청하게 뉴욕에 두고 왔다. 하지만 입체사진을 찍을 수 있는 카메라를 가져온 사람은 나뿐이다.)

게다가 뉴욕식물원의 식물 일러스트레이터이자 교사인 딕 라우도 있다. 그가 관심이 가는 모든 것을 그림으로 그릴 것이다. 실제 크기의 그림과 그것의 10~15배 크기인 상세하고 아름다운 확대 그림까지 모두. 그는 스케치북, 펜, 연필, 고배율 렌즈 여러 개, 휴대용 현미경을 갖고 있다.

딕은 영화계에서 오랫동안 유명한 디자이너로 일하다가 은퇴한 뒤에야 비로소 식물 일러스트레이터가 되었다. 지금은 식물학 박사과정을 끝내기 직전이라서 자신이 그리는 식물에 대해 상당히 많은 지식을 갖고 있다. 나는 지식과 인식의 관계에 지대한 관심이 있으므로 그에게 그와 관련된 질문을 던진다. 자폐성 서번트(autistic savant, 자폐증이나 지적 장애를 지니고 있지만 특정 분야에서만큼은 천재적인 능력을 보이는 사람—옮긴이)가 식물학에 대한 지식은 전혀 없이 순전히 인식만을 바탕으로 그린 놀라운 식물 그림에 대해 이야기하자 딕은 지식이 인식을 둔화시키는 것이 아니라 오히려 예리하게 만들어준다고 주장한다. 따라서 지금은 식물들이 그 어느 때보다 더 흥미롭고 아름답고 기적처럼 보인다는 것이다. 그는 눈에 보이는 것을 곧이곧대로 그린 그림이나 사진으로는 불가능했겠지만, 지금의 자신은 식물의 한 측면을 강조해서 자신의 느낌을 전달할 수 있다고 말한다. 자신에게 지식과 의도가 없었다면 불가능했을 것이라는 말도 덧붙인다.

초원에 도달하는 데는 두세 시간이 걸릴 것이다. 그곳까지의 거리가 80~90킬로미터쯤 되기 때문에 중간에 몇 번 멈춰서 쉴 예정이다. 루이스는 지금 우리가 팬아메리칸 고속도로를 따라 가고 있는 이 길이 옛날 아즈텍의 대로였다고 말한다. 하지만 우리는 2킬로미터쯤 가다가 팬아메리칸 고속도로를 벗어나 태평양에서 멕시코만으로 이어지는 175번 고속도로로 접어든다. 그 교차점에 베니토 후아레스Benito Juárez의 조각상이 있고, 그의 일화들을 묘사한 판들이 그를 둘러싸고 있다. 루이스는 후아레스에 관해 나중에 자세히 이야기해주겠다고 약속한다. 애정과 존경심이 담긴 목소리다. 우리가 지나가게 될 겔라타오Guelatao 마을이 후아레스가 태어난 곳이라고 한다.

지금 우리가 탄 차는 동시에라마드레東 Sierra Madre로 가는 중이다. 나는 차창 밖에 많이 보이는 빨간 꽃에 대해 스코트에게 묻는다. 그는 그 꽃이 가지속에 속한다고 알려준다. 가지속 중에서도 다른 종의 꽃들은 박쥐를 이용해서 씨앗을 퍼뜨리고 꽃이 녹색이거나 하얀색이지만, 이 빨간 꽃들은 새들을 이용해서 씨앗을 퍼뜨린다는 것이 스코트의 설명이다. 빨간색이 박쥐를 끌어들이는 데 아무런 쓸모가 없기 때문에 박쥐가 씨앗을 퍼뜨리는 종들은 굳이 빨간 색소를 만드는 데 에너지를 낭비하지 않는다는 것이다.

스코트와 나는 지난 1억 년 동안 꽃을 피우는 식물들과 곤충들이 공진화해온 것에 대해 이야기를 나눈다. 꽃을 피우는 식물은 곤충과 새를 유혹하기 위해 화려한 색깔과 모양을 갖게 되었다. 특히 빨간색과 오렌지색 열매 중 일부는 원숭이와 유인원의 시각이 진화해서 삼원색을 구분할 수 있게 됨에 따라(하지만 새들은 그보다 훨씬 전에 이미 삼원색을 구분할 수 있었다) 대략 3000만 년 전부터 등장하기 시작했다. 많은 원숭이들의 주식인 그런 열매들은 수많은 이파리가 뒤엉켜 있는 정글에서 삼원색을 구분할 수 있는 눈에 특히 잘 띄기 때문에, 원숭이들의 배설물을 통해 씨앗을 퍼뜨릴 수 있었다.

이처럼 생물들이 서로에게 적응하는 놀라운 공진화 과정이 스코트의 주요 관심사다. 그와 그의 아내인 캐럴 그레이시는 따로 또는 같이 이 분야를 연구하고 있다. 나도 그런 상호적응 과정의 놀라움을 충분히 인식하고는 있지만, 그보다는 아무 향기도 없는 초록색 양치류의 세계, 아주 오래전 꽃들이 나타나기 이전의 초록색 세계가 더 마음에 든다. 매력적인 정숙함을 지니고 있는 이 세계에서는 번식기관들(수술과 암술)이 화려하게 불쑥 튀어나와 있는 것이 아니라 이파리 아래쪽에 섬세하게 숨겨져 있다.

꽃을 피우는 식물들의 성생활이 알려진 뒤로도 한참 동안 양치류의 번식과정은 여전히 수수께끼로 남아 있었다. 로빈의 설명에 따르면, 사람들은 양치류도 씨앗을 통해 번식한다고 믿었지만(그렇지 않고서야 어떻게 번식하겠는가?) 아무도 씨앗을 볼 수 없었기 때문에 양치류들이 거의 마법 같은 기묘한 위치를 차지하게 되었다고 한다. 사람들은 양치류의 씨앗이 눈에 보이지 않는다는 이유로, 다른 것까지 눈에 보이지 않게 만들어줄 수 있는 능력이 있다고 믿었다. "우리는 양치류의 씨앗을 받아 보이지 않게 된 몸으로 걸어 다닌다." 〈헨리 4세〉에서 폴스태프의 부하 중 하나가 하는 말이다. 저 위대한 식물학자 린네도 18세기에 양치류가 어떻게 번식하는지 알지 못한 채 그 비밀스러운 수수께끼를 표현하기 위해 '은화식물隱花植物, cryptogam'이라는 용어를 만들어냈다. 이파리에 포자가 달리는 친숙한 양치류, 즉 포자체 외에 하트 모양의 아주 작은 양치류도 존재한다는 사실이 비로소 알려진 것은 19세기 중반이었다. 못 보고 지나치기 쉬운 이 식물, 즉 배우체는 번식기관을 갖고 있었다. 그리고 양치류에게 포자체와 배우체가 번갈아가며 나타난다는 사실도 알려졌다. 먼저 이파리에 달려 있던 포자가 적당히 습하고 그늘진 곳에 떨어지면 자그마한 배우체로 자라난다. 그리고 이 배우체들에게서 수정이 이루어지면 새로운 포자체, 즉 아기 발아체가 자라난다.

대부분의 배우체는 우산이끼의 경우처럼 거의 비슷한 모양을 하고 있다. 따라서 양치류의 아름답고 엄청나게 다양한 모습들, 즉 탑처럼 높이 솟은 나무고사리tree fern에서부터 아주 작은 처녀이끼과의 양치류에 이르기까지, 이파리가 레이스처럼 섬세하게 갈라진 종에서부터 이파리가 두껍고 전혀 갈라지지 않은 박쥐란과 파초일엽에 이르기까지 온갖 다양한 모습들은 모두 포자체다. 포자낭군胞子囊群 자체도 모양이 다양하다. 쇠고둥처럼 생긴 것도 있고, 크림처럼 매끄러운 덩어리를 이룬 것도 있다. 파초일엽처럼 아름답고 섬세한 평행선 무늬가 있는 경우도 있다. 양치류 탐방의 즐거움 중 하나는 이처럼 생식능력이 있는 이파리를 뒤

키아티아*Cyathia*종
나무고사리 이파리

집어 다양한 모양의 포자낭을 찾아내는 것이다.

존 미켈은 양치류의 번식능력을 상징하는 포자낭을 아주 좋아한다. "오!" 그가 엘라포글로숨*Elaphoglossum*속에 대해 이야기하며 탄성을 지른다. "굉장하지 않습니까? 이파리 뒷면에 얼룩처럼 붙어 있는 포자낭이라니." 폴리스티춤 스페키오시시뭄*Polystichum speciosissimum*에 대해서는 이렇게 말한다. "저 비늘과 안으로 구부러진 가장자리를 봐요!" 숲에서 관중*Dryopteris*속의 식물을 찾아내고서는 포자낭을 지그시 바라보며 이렇게 말한다. "매춘부처럼 왕성하네요!" 로빈이 귓속말로 내게 농담을 건넨다. 존이 "양치류 오르가슴"을 느끼는 모양이라고. 나는 토요일의 양치류 모임에서 이런 모습을 자주 보았다. 이제 존의 목소리가 점점 더 높아지고, 양팔을 마구 흔들어대며 지극히 화려하기 짝이 없는 표현들을 쓸 것이다(가끔은 포자를 캐비아와 비교하기도 한다). "가슴이 콩닥콩닥 뛰어요."

나는 옛날부터 은화식물들에 대해 존처럼 열광했다. 꽃을 피우는 식물들은 꽃이 너무 노골적으로 드러나 있어서 감당하기가 조금 힘들다.

사실 우리 일행 중에는 이런 생각을 하는 사람이 많아서, 토요일의 미국양치류연구회 모임 때도 혹시 꽃을 피우는 식물을 언급한 사람은 이내 농담을 던지듯이 "이런 말씀을 드려서 죄송하지만…"이나 "여러분이 좋아하지 않으실 줄은 알지만…"이라고 사과를 곁들이곤 한다. 토요일 오전의 모임에서 우리가 하는 얘기를 듣다 보면, 마치 우리가 아직도 꽃이 피지 않는 고생대에 살고 있는 것 같은 기분이 들 것이다. 고생대의 세계에서는 곤충들이 아무런 역할을 하지 않고, 포자는 오로지 바람과 물의 힘으로 퍼져나갈 뿐이다. (공정을 기하기 위해, 우리가 양치류보다 하등한 식물들, 즉 이끼, 우산이끼, 해초 등도 거의 언급하지 않는다는 말을 덧붙여야 할 것 같다. 하지만 나는 원시적인 양치류의 친구들과 이끼들을 유난히 좋아하는 사람이기 때문에 가끔 배신자로 의심받는 것 같다는 생각도 든다.) 물론 우리 모두에게 있어 양치류를 향한 열정은 그보다 훨씬 더 광범위한 식물학과 생태학적 맥락 속에 스며들어 있다. 양치류 분류학에 아무리 열정을 지닌 사람이라도 이 점을 잘 알고 있을 정도다. 따라서 우리의 행동은 그저 일종의 향수鄕愁나 우리끼리만 통하는 장난으로 가끔 양치류 이외의 식물에는 전혀 관심이 없는 척하는 것에 지나지 않는다.

양치류를 사랑하는 우리 일행 중에는 꽃을 피우는 식물에 관한 전문가들도 적잖이 섞여 있다. JD와 스코트도 그런 전문가들이다. 버스가 화려한 하얀 꽃이 잔뜩 피어 있는 나무들 옆을 지나갈 때, 스코트가 그 나무를 가리키며 고구마속屬이라고 설명한다. 고구마속? 나팔꽃도 고구마속 아닌가? 스코트가 맞다고, 나팔꽃뿐만 아니라 고구마도 고구마속에 속한다고 대답한다. 나는 1960년대에 캘리포니아에 살던 시절을 떠올린다. 그때는 나팔꽃 씨앗('천상의 푸른색Heavely Blue'이라고 불렸다)이 환각제로 쓰였다. LSD와 비슷한 맥각 성분, 즉 리세르그산酸 파생물이 들어 있기 때문이다. 나는 단단하고 각진 모양의 검은 나팔꽃 씨앗을 서너 봉지 사서 작은 절구로 간 다음 바닐라 아이스크림에 섞었다(이건 나만의 비법이었다). 그걸 먹으면 한동안 심하게 속이 메스꺼워지지만 그 순간이 지나고 나면 각자 자기만의 천국이나 지옥을 볼 수 있었다. 나는 그걸 편하게 먹을 수 있는 곳에 가고 싶다는 생각을 자주 했다. 아마 멕시코 남부가 가장 이상적인 장소일 것이다. 산에는 나팔꽃이 지천으로 피어 있고, 올로리우키ololiuhqui라고 불리는 나팔꽃 씨앗은 아무리 오랫동안 보관해두어도 환각제의 효능이 고스란히 보존되기 때문이다. 실제로 이곳에서는 나팔꽃(아즈텍인들은 줄기가 덩굴처럼 빙글빙글 감겨 올라가는 것을 보고 이 꽃을 초록색 뱀이라는 뜻의 '코아틀-소소-우키coatl-xoxo-uhqui'라고 불렀다)이 신성한 식물로 여겨졌으며, 주술사인 쿠란데로curandero가 있을 때에만 사용되었다.

위대한 식물학자인 리처드 에번스 슐츠Richard Evans Schultes와 화학자인 알베르트 호프만(Albert Hoffman, 그는 처음으로 LSD를 합성해서 그 효과를 보고한 사람이다)은 《신들의 식물Plants of the Gods》에서 모든 지역의 사람들이 환각성분이나 도취성분이 있는 식물들을 찾아냈으며, 이 식물들의 효능을 초자연적인 것이나 신성한 것으로 보는 경우가 많았다고 설명했다. 하지만 구세계는 멕시코의 강력한 환각성 약물들에 대해 전혀 모르고 있었다. 스페인인들은 이곳에서 올로리우키를 보고서 '성모의 씨앗'이라고 불렀으며, 신성한 실로시빈Psilocybin 버섯인 테오나나카틀teonanacatl은 '신의 살'이라고 불렀다(이 버섯의 활성성분도 역시 리세르그산 파생물이다). 그리고 미국의 남부와 공통되는 부분이 많은 멕시코 북부에서는 로포포라 윌리엄시*Lophophora williamsii*, 즉 페요틀peyotl 선인장의 씨앗이 때로 메스칼 단추mescal button라고 불린다(하지만 용설란으로 만든 증류주인 메스칼 술과는 아무런 관계가 없다).

버스가 부릉거리며 산을 오르는 동안 스코트와 나는 이런 식물들에 대해서, 그리고 그보다 더 이국적인 남미의 환각제들에 대해서 이야기를 나눈다. 아마존의 바니스테리옵시스 카피*Banisteropsis caapí*라는 덩굴로 만든 아야우아스카(ayahuasca, 영혼의 덩굴)는 윌리엄 버로스William

Burroughs와 앨런 긴즈버그Allen Ginsberg가 《예이지 서간집The Yage Letters》에서 언급한 적이 있고, 트립타민이 풍부한 코담배 비롤라virola, 요포yopo, 코호바cojoba 등은 활성성분과 화학적 구조가 신경전달물질인 세로토닌과 아주 흡사하며 모두 선사시대에 발견된 것들이다(우연히 발견된 것일까, 아니면 원시인들이 일부러 이런 물건을 찾으려고 시도했던 것일까?). 식물학적으로 엄청난 거리가 있는 식물들에서 왜 그토록 흡사한 성분이 발견되는지, 그런 성분이 해당 식물의 생애에서 어떤 역할을 하는지 궁금하다. 그 물질들은 (수많은 식물에서 발견되는 인디고indigo처럼) 단순히 신진대사의 부산물일까? (스트리키닌strychnine을 비롯해서 쓴맛이 나는 여러 알칼로이드 물질처럼) 포식자를 물리치거나 중독시키기 위해 생겨난 것일까? 아니면 식물 자체 내에서 그 성분이 뭔가 필수적인 역할을 하는 걸까?

스코트와 나란히 앉아 버스를 타고 가는 것은 정말이지 굉장한 일이다. 그는 눈에 보이는 모든 것의 이름을 알고 있으며, 모든 식물의 의미와 맥락을 알고 있다. 버스가 달리는 동안 진화, 경쟁, 적응으로 이루어진 세상 전체가 그의 머릿속을 지나간다. 그러다 보니 예전에 워싱턴 주에서 괌 출신 친구와 함께 버스를 타고 가던 기억이 떠오른다. 그때는 지리학에 대한 그녀의 지식 덕분에 생명이 없는 풍경과 우리 주위의 모든 지형이 생명을 얻어 살아났다. 공교롭게도 그 친구 역시 양치류를 연구하는 사람이었지만, 지질학에 관한 안목이 워낙 발달해서 우리 눈에 보이는 모든 것에 새로운 의미와 차원을 덧붙여줄 정도였다.

우리 버스에는 분이 같이 타고 있다. 분이 누구고 어떤 사람인지는 아직 잘 모르겠다. 나이가 많으며, 존 미켈의 친구이고, 무척 존경받는 사람이라는 것은 알고 있다. 존 미켈과 분은 1960년에 오악사카에서 처음 만났는데, 분은 그 뒤로 지금까지 줄곧 이곳에서 식물학자나 농학자로 일하고 있다. 그는 이곳을 찾아오는 식물학자들을 위해 산속 높은 곳, 익스틀란Ixtlán 근처에 집을 한 채 가지고 있는 듯하다. 우리도 며칠 뒤에 그곳을 방문할 것이다. 나이는 틀림없이 70대일 것이다. 키는 작지만 몸은 건장하고 튼튼하며, 민첩하다. 그리고 이마 위쪽의 머리카락이 구불구불 소용돌이무늬를 그리고 있으며, 머리가 좋다.

그는 오악사카의 나무들을 잘 아는 전문가임이 분명하다. 이제 우리가 산속으로 점점 더 높이 올라감에 따라 떡갈나무와 소나무가 주종을 이루는 풍경이 나타난다. 분이 자리에서 일어나 우리에게 말한다. “대부분의 떡갈나무들은 워낙 활발하게 진화하는 중이라서 종을 제대로 알아차리기 힘듭니다. 어떤 사람들은 떡갈나무의 종수가 30종이라고 하고, 또 어떤 사람들은 200종이라고 하죠. 게다가 이 종들이 끊임없이 결합해서 잡종을 만들어냅니다." 우리 눈에 처음 띈 소나무는 바늘이파리와 솔방울이 짤막하다. 거기서 몇십 미터쯤 더 올라가자 바늘의 길이가 길고 솔방울이 큰 소나무가 나타난다. 종이 바뀐 것이다.

산 정상에 구름이 걸려 있는 광경은 정말이지 환상적이다! 버스가 계속 위로 올라가는 동안 분이 왼편에 절벽처럼 노출된 곳에서 당당하게 자라고 있는 미송을 가리킨다. 이 미송군은 1994년에 헝가리 자연사박물관에서 온 식물학자가 발견했다고 한다. 이곳은 미송이 자라는 곳 중에서 가장 남쪽에 위치해 있다. 분은 계속해서 오악사카가 독특하게 보일 만큼 많은 식물들이 자라는, 식물의 경계선 역할을 하고 있다고 말한다. 즉, 미송처럼 북쪽이 원산지인 식물들과 북쪽으로 퍼져나간 남아메리카 식물들이 섞여 있는 곳이라는 뜻이다.

다른 식물들도 있다. 오악사카 전나무. 속살의 색깔이 빨갛고 껍질이 벗겨지고 있는 아르부투스*Arbutus* 나무, 즉 마드론madrone. 길가에 오렌지색으로 자라고 있는 카스틸레야castilleja에 파란색 루핀lupin과 자주색 로벨리아lobelia가 섞여 있다. 작은 노란색 꽃들은 금잔화. 다른 노란색 꽃들은 그저 DYC(damned yellow composite, 망할 놈의 노란색 국화과 식물)로 무시당한다. 국화과 식물로는 민들레, 과꽃, 엉겅퀴 등이 있으며, 중앙의 원반에서 작은 통꽃들이 방사형으로 뻗어나가는 모양이다. 이들은 가장 흔하게 눈에 띄는 야생화이며, 무슨 꽃인지 구분하기 힘들 때가 많다. 새 관찰자들도 DYC와 비슷한 용어를 갖고 있다. 훌륭하고 흥미로운 새들과는 반대로 LGB(little gray bird, 작은 회색 새)로 지칭되는 새들은 어디서나 훌훌 날아다니며 주의를 산만하게 만든다.

버스가 점점 더 높이 올라간다. 이제 우리는 능선의 꼭대기, 해발 2,560미터에 도달했다. 목재 운반용 길이 왼쪽으로 꺾어져서 세로 산펠리페Cerro San Felipe 정상까지 이어진다. 아래쪽보다 기온이 차갑고 공기가 습해서 이끼도 더 많이 눈에 띈다. 이제 차는 아래로 내려가기 시작한다. 하지만 겨우 1.5~3킬로미터쯤 내려간 뒤 리오프리오Río Frío라는 작은 골짜기에서 차가 멈춘다. 존 미켈은 즉시 차꼬리고사리속의 새로운 식물인 아스플레니움 할베르기*Aspelenium hallbergii*를 찾아낸다. 내가 "핼버그는 누구죠?"라고 바보 같은 질문을 던지자 존은 이상한 표정으로 나를 바라보며 "분에게 물어보세요!"라고 말한다.

그러고 나서 그는 또 다른 양치류, 아노그람마 렙토필라*Anogramma leptophylla*에게 훌쩍 마음을 빼앗긴다. "이건 아주 굉장한 양치류 중 하나

예요! 다 자라봤자 키가 2.5~5센티미터밖에 안 되고, 고산지대에서만 자라는 귀여운 녀석이죠." 그는 재빨리 또 다른 양치류에게로 옮겨간다. 처음에는 아디안툼*Adiantum*에게로, 그다음에는 아스플레니움에게로.

존은 눈에 보이는 거의 모든 양치류에 대해 엄청나게 흥분하기 시작한다. 그래서 가장 마음에 드는 것이 무엇이냐는 질문을 받고 쉽사리 답하지 못한다. "재배용 양치류를 말할 때는 청나래고사리를 가장 좋아한다고 말하지만, 1분도 안 돼서 가을고사리autumn fern로 마음이 바뀌어요. 사실 내가 좋아하는 고사리는 300종이나 됩니다. 청나래고사리를 좋아하는 건 커다란 배드민턴공 같은 모습과 넓은 땅을 기어가는 덩굴 때문이고, 가을고사리를 좋아하는 건 빨간색 포자낭군과 겨우내 초록색으로 꼿꼿이 서 있는 튼튼한 이파리 때문이에요. 히말라야 아디안툼은 섬세한 아름다움 때문에 좋아하고요. 내가 좋아하는 양치류 중에는 특별한 추억이 얽혀 있는 것도 몇 가지 있습니다. 멕시코 관중속woodfern을 여기 오악사카의 세로 산펠리페 정상에서 발견했습니다. 100년이 넘도록 어디서도 채집된 적이 없는 녀석인데 말이에요. 과학적인 연구를 이야기할 때는 아네미아*Anemia*와 엘라포글로숨에 한 표를 던집니다. 하지만 체일란테스*Cheilanthes*와 바위손속이 그 뒤를 바짝 쫓고 있어요. 사실 자식들 중에 가장 좋아하는 아이 한 명을 고를 수는 없지 않습니까? 모두들 굉장한 아이들이고, 더 깊이 알게 될수록 사랑이 커지니까요."

나는 잠시 딴 생각을 한다. 달콤한 냄새가 나는 샐비어, 세이지가 우리를 둘러싸고 있는 것이 눈에 들어온다. 아름다운 칼라가 피어 있는 들판에는 스페인어로 된 표지판이 붙어 있다. 천천히 퍼즐을 풀듯이 해석해보니 '이 사유지를 무단침입하는 사람은 감옥에 갈 것이다'라는 내용이다. 총에 맞거나, 목이 잘리거나, 거세될 수도 있다.

"여기 이건 플레오펠티스 인테르젝타*Pleopeltis interjecta*입니다." 존이 말을 잇는다. "크고 둥근 포자낭군에 노란 포자가 있죠." 그가 한데 모여 있는 포자낭들을 보며 말한다. "정말 굉장한 표본입니다! 저쪽에 가장자리가 매끈한 녀석은 밀델라, 즉 밀델라 인트라마르기날리스*Mildella intramarginalis*입니다. 가장자리가 톱니 모양이면 변종인 세라티폴리아*serratifolia*죠." 양치류의 종류도 많고 이름도 많아서 머리가 빙빙 돈다. 그래서 나는 일행에게서 조금 떨어져 혼자 돌아다니면서 이끼에

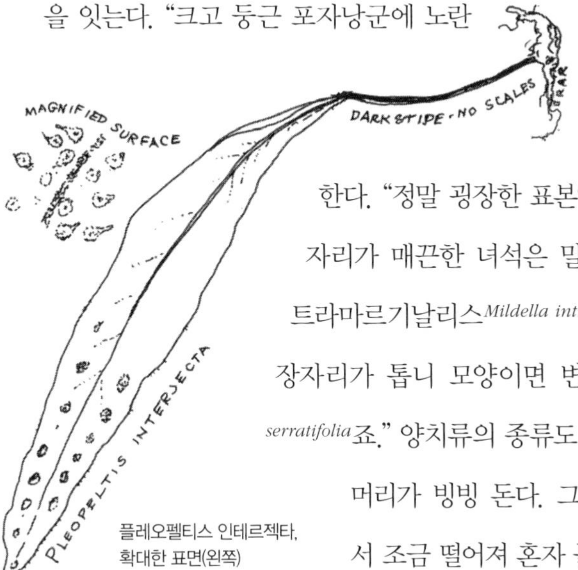

플레오펠티스 인테르젝타,
확대한 표면(왼쪽)

잔뜩 뒤덮인 나무로 다가간다. 양치류를 더이상 감당할 수 없게 되면, 그보다 소박해서 압박을 덜 주는 식물을 찾아갈 필요가 있다. 그리고 이런 미시세계를 제대로 감상하려면 뛰어난 휴대용 렌즈(우리 모두 갖고 있다)가 필요하다. 아니면 심지어 휴대용 현미경(딕이 갖고 있다)이 필요할 수도 있다. 그런 것들이 있어야만 작은 별 모양, 요정의 컵(fairy cup, 유럽산 균류의 일종—옮긴이) 모양인 이끼류를 볼 수 있다.

MILDELLA INTRAMARGINALIS v. SERRATIFOLIA

밀델라 인트라마르기날리스의 세라티폴리아 변종

나는 개울가에 서 있는 로빈에게 다가간다. 그가 우산이끼와 붕어마름(안토케로스*Anthoceros*속)을 가리킨다. 붕어마름 안에는 질소를 고정하는 역할을 하는 청록색의 박테리아, 노스톡*Nostoc*이 있다. 로빈은 동물들, 고등식물들, 심지어 붕어마름조차도 자신이 우월한 존재라고 생각할지 모르지만, 결국 모든 생물은 약 100종의 박테리아들에게 의존하고 있다고 말한다. 우리가 단백질을 구축하려면 질소가 필요한데, 공기 중의 질소를 고정하는 비법을 아는 것이 그 박테리아들뿐이기 때문이다.

"아, 찾았다. 엘라포글로숨!" 존 미켈이 울퉁불퉁한 바위를 기어오르며 말한다. "여기에 속하는 종은 600종인데, 전부 똑같이 생겼어요. 이건…" 그가 렌즈를 대고 이리저리 살펴보면서 쉽사리 말을 잇지 못하고 미적거린다. "이건 엘라포글로숨 프린글레이*Elaphoglosum pringlei* 같네요, 아마도."

대부분의 양치류는 이파리의 크기, 모양, 색깔로 쉽사리 구분할 수 있다. 이파리가 갈라진 모양, 잎맥의 모양, 포자낭군의 특징과 위치, 전체적인 모양 등이 각각 다르기 때문이다. 하지만 엘라포글로숨속에 속하는 식물들은 구분하기가 까다롭다. 존은 신속하고 세심하며 거의 직관적인 조사를 통해 아주 미묘한 차이들을 찾아보았을 것이다. 휴대용 렌즈로만 볼 수 있는, 이파리 비늘의 형태나 분포도 같은 것들 말이다.

내가 분에게 아스플레니움 할베르기에 대해 묻자, 그는 내 실수를 솜씨 좋게 모르는 척 넘어가준다. 그가 바로 이 이름의 제공자인 분 핼버그Boone Hallberg라는 사실을 알아차리지 못하다니. (내가 이 사실을 알아차리지 못한 것, 아니 그의 이름을 잊어버린 것은 이곳의 모든 사람들이 그를 그저 '분'이라고만 부르기 때문이다.) 나는 신비로운 구석이 많은 이 분이라는 인물에게 호기심을 느낀다. 그래서 여기저기서 단편적인 이야기를 얻어 듣는다. 스코트는 분이 단순히 식물분류학자만은 아니라고 말한다. 그는 옛날부터 농업과 생태학에 더 관심을 기울였다는 것이다. 그는 젊었을 때 오악사카의 특수한 상황에 이끌려 멕시코를 찾았다. 특히 산림 남벌을 걱정해서 여러 마을의 사람들을 설득해 나무를 다시 심게 하려고 열심히 노력했다. 그에게는 현지인들과 직접 대화를 나누며 자신의 뜻을 쉽사리 전달하는 특별한 재능이 있는 것 같았다. 그래서 민초들을 움직여 일을 시작할 수 있었다. 그는 또한 농업의 문제와 가능성에도 관심이 있었는데, 특히 새로운 품종의 옥수수들이 지닌 잠재력에 주목했다.

분의 스페인어는 오악사카 현지인들 못지않게 유창한 듯하다. 이 지역 특유의 관용구에도 능숙하다. 그는 지금 운전기사의 아들인 페르난도와 열심히 이야기를 하고 있다. 분과 페르난도의 나이 차이를 따지면 아마 60세쯤 되겠지만, 노인과 소년이라고는 볼 수 없을 만큼 서로 편안히 이야기를 나누고 있다. 분은 이곳 사람들에게 아버지 같은 존재로 받아들여지고 있는 것 같은 느낌이다.

양치류 연구자들의 성경인 미켈과 비텔의 책이 분에게 헌정되었다는 사실이 이제야 머리에 떠오른다. 존 미켈에게 오악사카의 양치류들을 정리한 책을 써보라고 가장 먼저 권유한 사람이 바로 분이었다. 이걸 좀 더 일찍 알아차리지 못하다니. 분은 멕시코의 그 어떤 주보다 오악사카에 양치류가 많다고 보아도 좋을 것이라면서, 그럼에도 오악사카는 연구가 가장 미진한 지역에 속한다고 말했다. 존은 분의 제안에 자극을 받아 1960년대와 1970년대에 여러 차례 오악사카에 와서 전역을 돌아 다니며 거의 5,000점의 표본을 채집했다. 그리고 1970년대 초에 분도 500점의 표본을 내놓았다. 그중에는 희귀종이 많이 포함되어 있었다. 《멕시코 오악사카의 양치류 식물군》을 발표한 1988년까지 존이 동료들과 함께 발견해낸 신종 양치류는 무려 65종이나 되었으며, 그들이 오악사카에서만 수집해서 정리한 양치류의 종수는 도합 690종이었다. 분은 이 모든 작업을 뒤에서 후원하면서 숙소를 제공하고, 길을 안내해주고, 필요한 물건들과 교통수단을 지원해주었다.

분은 여기 멕시코에서는 상황을 파악하기 위해 머리를 써야 한다고 말한다. 미국에서는 모든 것이 글로 발표되고 정리되어서 모두에게 알려져 있다. 하지만 여기서는 모든 것이 표면 밑에 잠복해 있어서 항상 정신을 바짝 차려야 한다.

오악사카에 이토록 다양한 종의 양치류가 자라고 있는 것이 마치 기적 같다. 뉴잉글랜드에는 기껏해야 100여 종의 양치류밖에 없고, 북아메리카 전체를 따져도 아마 400종밖에는 되지 않을 것이다. 양치류는 모든 지역에서 자라지만(예를 들어 그린란드에도 30종의 용감한 양치류들이 자라고 있다), 적도에 가까워질수록 그 수가 훨씬 더 늘어난다. 그래서 로빈이 매년 강의를 하는 코스타리카에는 거의 1,200종의 양치류가 있다. 게다가 온대지방과는 비교도 할 수 없을 만큼 다양한 형태와 크기의 완전히 새로운 품종이 믿을 수 없을 정도로 많다. 오악사카에도 건조한 중앙 계곡지대(고도 1,500미터의 고원)에서부터 강우림과 운무림, 산허리에 이르기까지 온갖 종류의 서식지가 존재한다. 그래서 나무고사리, 실고사리류, 처녀이끼과 고사리, 남방일엽아재비 등 온갖 종류의 양치류들이 다른 곳과는 비교도 할 수 없을 만큼 다양하게 자라고 있다.

알고 보니 로빈과 나는 아까 개울가에서 본 붕어마름을 지금껏 계속 생각하고 있었다. 질소를 고정하는 귀한 박테리아와 공생하고 있던 붕어마름. 우리는 질소에 푹 잠겨 있다. 공기의 5분의 4가 질소이기 때문이다. 동물이든 식물이든 균류든 모든 생물은 질소가 있어야만 핵산, 아미노산, 펩타이드, 단백질을 만들 수 있다. 하지만 질소를 직접적으로 이용하는 생물은 박테리아밖에 없기 때문에, 우리는 그 박테리아들이 대기 중의 질소를 우리가 이용할 수 있는 형태로 변환해주기를(질소고정) 기다리는 수밖에 없다. 질소고정이 이루어지지 않았다면, 지상의 생명체들은 그리 발전하지 못했을 것이다.

단일 작물을 집중경작하면 흙 속의 질소가 급속히 고갈되는 경향이 있다. 하지만 중앙아메리카인들은 다른 지역의 농업 종사자들과 마찬가지로 시행착오와 실험을 통해 콩과 옥수수를 함께 기르면 흙 속에 질소를 좀더 빨리 채워넣을 수 있다는 사실을 일찌감치 깨달았다. (콩과에 속하지는 않지만, 오리나무도 콩과 비슷하게 땅을 비옥하게 만들어서 집중경작을 가능하게 해준다는 사실 또한 밝혀졌다. 따라서 오리나무를 기르는 것은 기원전 300년 무렵에 이미 멕시코 농업의 필수적인 부분이 되었다.) 유럽에서는 클로버, 자주개자리, 루핀 같은 콩과 식물들이 동물의 먹이로 재배되었는데, 이들이 흙 속에 질소를 회복시키는 데 콩보다 훨씬 더 효과적이었다고 로빈은 지적한다. 이제 이 주제의 이야기에 완전히 신이 난 그는 계속해서 중국과 베트남에서는 꽃을 피우는 콩과 식물이 아니라 자그마한 수생 양치식물인 아졸라*Azolla*가 질소를 회복시키는 역할을 한다고 말을 잇는다. 아졸라는 질소를 고정하는 시아노박테리아(cyanobacterium, 남조류 또는 남세균이라고도 한다—옮긴이)인 아나바에나 아졸라에*Anabaena azollae*를 집어삼켜 함께 살아간다. 논에 반쯤 잠겨서 자라는 벼는 아졸라를 갈아넣은 흙 속에서 훨씬 더 튼튼하게 자라기 때문에 베트남에서는 아졸라를 초록색 거름이라고 부른다.

사람들은 석기시대부터 이런 실용적인 지식들을 깨닫고 있었지만, 이 방법이 왜 효과가 있는지 아는 사람은 없었다. 19세기에 이르러서야 비로소 콩과 식물의 뿌리에서 자주 관찰되는 기이한 혹에 박테리아가 가득하며, 이 박테리아들이 특수한 효소를 이용해서 공기 중의 질소를 고정해 식물이 이용할 수 있게 해준다는 사실이 밝혀졌다(오리나무의 혹과 아졸라의 아나바에나도 비슷한 역할을 한다). 나중에 이 식물들이 죽어서 썩으면, 이제 흙 속에 동화될 수 있게 변한 질소화합물이 흙 속으로 방출된다.*

---

* 대부분의 식물, 즉 지금까지 알려진 모든 종 중 90퍼센트 이상이 균류의 사상체로 이루어진 방대한 지하 네트워크를 통해 서로 연결되어 공생관계를 맺고 있는데, 이 관계의 역사는 4억 년 전 지상에 식물이 처음 출현했을 때까지 이어져 있다. 균류의 사상체는 식물과 균류 사이에서만 아니라 식물과 식물 사이에서도 물과 필수 무기질(어쩌면 유기화합물도)이 운반되는 살아 있는 통로 역할을 하기 때문에 식물들이 건강하게 잘 자라는 데 반드시 필요하다. 데이비드 울프David Wolfe는 《흙 한 자밤의 우주》에서 균류 사상체들의 이 "연약한 거미줄 같은 연결망"이 없다면 "어려운 시기가 닥쳤을 때 탑처럼 우뚝 솟은 미국삼나무, 떡갈나무, 소나무, 유칼립투스 등이 모두 무너져버릴 것"이라고 썼다. 나무들만이 아니라 농업 또한 붕괴할 것이다. 균류 사상체가 서로 아주 다른 식물들(예를 들어 콩과 식물과 곡류, 오리나무와 소나무 등) 사이를 연결해주는 역할을 할 때가 많기 때문이다. 따라서 질소가 풍부한 콩과 식물과 오리나무가 죽어서 분해되면서 흙을 비옥하게 만들어주는 것 외에, 이 식물들이 균류의 연결망을 통해 근처 식물들에게 자신이 가진 질소의 상당 부분을 직접 내어놓는 것도 가능해진다. 식물들은 이처럼 다양한 지하 채널(과 번식할 준비가 되었음을 알리거나 포식자의 공격을 알리기 위해 공기 중으로 분비하는 화학물질)을 통해 서로 연결되어 있어서, 사람들의 생각처럼 홀로 고독하게 살아가는 것이 아니라 상호작용을 주고받으며 서로 지원해주는 복잡한 공동체를 이루고 있다.

한편 사람들은 퇴비나 동물의 배설물로 아무리 세심하게 흙을 관리해도, 콩과 살갈퀴와 클로버와 루핀을 아무리 많이 재배해도, 질소가 극단적으로 풍부한 무기비료를 추가로 뿌려주지 않으면 폭발적으로 늘어나는 사람들을 먹여 살릴 수 없다는 사실 또한 비슷한 시기에 깨달았다. 19세기 말에는 질소 위기가 임박했음이 분명해졌다. 기하급수적으로 늘어나는 인류가 굶주림을 면하려면, 그래서 맬서스가 1세기 전에 예견했던 재앙을 피하려면, 암모니아나 질산염이 더 많이 있어야 했다. 사람들은 질산염과 구아노(페루인들은 오래전부터 땅을 비옥하게 만들기 위해 이것을 사용했다)를 구하려고 남아메리카로 몰려들었다. 하지만 그것도 수십 년 만에 고갈되어버렸다. 따라서 20세기가 시작될 무렵에는 합성암모니아를 만들어내는 것이 인류의 최대 과제였다. 지구상에는 이제 더이상 천연비료가 충분히 존재하지 않았기 때문이다.

물론 지금 세상은 합성비료에 푹 파묻혀 있다고 로빈이 어깨를 으쓱하며 말한다. 지나치게 뿌려댄 엄청난 양의 합성비료가 하수구를 타고 호수, 강, 바다로 흘러들어서 지구의 질소순환주기를 망가뜨리는 바람에 녹조현상 같은 것이 발생한다. 게다가 오악사카 같은 지역들은 합성비료를 사서 쓰기에는 너무 가난하기 때문에 합성비료의 혜택조차 누리지 못한다고 로빈이 보충해 설명한다. 분이 나선 것도 바로 이 때문이었다. 그는 농부들이 미국의 비료에 의존하지 않고 자율성을 유지하면서 생산성을 높일 필요가 있음을 처음부터 깨닫고, 접붙이기나 이종교배를 통해 질소를 고정하는 박테리아를 곡류와 결합시키면 어떨지 생각해보았다.

분은 토톤테펙Totontepec이라는 마을 근처에서 아주 높이 자라는 옥수수를 발견한 적이 있었다. 이 옥수수의 뿌리는 미끈거리는 물질로 덮여 있었는데, 분은 이 점액을 조사한 뒤 여기에 질소를 고정하는 박테리아 여러 종이 들어 있음을 알게 되었다. 그래서 이 박테리아를 옥수수와 결합시켜, 옥수수 자체가 사실상 질소를 고정하는 능력을 갖게 만드는 방안을 고민해보기로 하고 다른 사람들에게도 연구를 권했다. 로빈은 유전공학의 힘을 빌린다면 박테리아 대신 질소고정 효소를 생산하는 유전자를 식물에 끼워넣는 것이 가능할지도 모른다고 말을 덧붙인다.

다시 버스에 오른 우리는 엘 세레살(El Ceresal, 버찌 과수원)이라는 작은 마을로 향하고 있다. 이름과는 달리 벚나무는 전혀 눈에 띄지 않고, 길가에는 배나무들이 꽃을 피우고 있다. 도로에 과속방지턱("잠자는 경찰관"이라고 불린다)이 있어서 우리는 속도를 늦추다 못해 거의 서다시피 한다. 여기에 과속방지턱이 설치된 데는 몇 년 전 마을의 여자아이가 과속 버스에 치여 숨진 사고가 계기가 되었다. 저 위에서 허공을 날고 있는 매 한 마리가 흥분한 듯 소리를 질러대며 우리가 탄 버스 옆으로 방향을 바꾼다.

누군가가 특정한 종류의 양치류를 언급하며 중얼거리는 소리가 들린다. "이파리가 전부 깃털 모양이에요." 이 버스에 탄 사람들의 지식을 합하면 엄청난 양이다. 만약 우리가 사고라도 당한다면, 식물분류학계에 돌이킬 수 없는 손실이 될 것이다(도로가 급커브를 그리며 꺾어질 때마다 절벽처럼 급격한 경사를 이루고 있는 협곡으로 굴러떨어질 가능성은 얼마든지 있다).

계곡 맞은편으로는 익스틀란과 겔라타오의 풍경이 안개에 감싸여 있다. 루이스는 "1806년 3월 21일에 베니토 후아레스가 태어난 곳입니다. 멕시코에서는 그날이 국경일이죠"라고 겔라타오에 대해 말해준다. 그러고는 후아레스의 생애, 성장 과정, 임무 등을 자세히 설명한다. "후아레스는 신부들에게서 글을 배웠고, 신학교에 다녔으며, 거기서 철학자들을 만났습니다. 거기서 배운 생각들과 격언들이 대통령 시절에 도움이 되었죠. 신학교를 마친 뒤에는 오악사카대학교에 진학해서 변호사가 되었고, 오악사카 주지사를 거쳐 1856년에 마침내 멕시코 대통령이 되었습니다." 1856년 당시 멕시코의 정세에 관한 상세한 설명이 이어진다. 예의상 뭐라고 투덜거리지도 못하고 결국 멍해진 사람들이 침묵으로 대응한다. 그동안 온갖 놀라운 식물들이 차창 밖을 스쳐 지나간다.

교회의 재산이 정부에 병합되면서, 교회가 거둬들이던 돈과 교회가 휘두르던 권력 또한 국가로 옮겨갔다. 그리고 이런 개혁이 프랑스의 침공으로 이어졌다. 루이스의 목소리가 배경음악처럼 계속 이어지는 동안 나는 차창을 통해 계곡 맞은편의 산미겔 델 리오San Miguel del Río 마을을 바라본다. 거대한 낙엽송(탁소디움*Taxodium*속)들이 강가에 늘어서 있다.

이제 우리는 높은 능선에서 리오그란데Río Grande 계곡으로 내려가고 있다. "방해해서 미안하지만…." 분이 일어서면서 말한다(다른 사람들은 멕시코 역사에 대한 루이스의 강의를 방해할 배짱이 없다). "이제 곧 낡은 강철다리를 지나가게 될 겁니다. 1898년에 클리블랜드 사社가 지은 것인데, 애석하게도 작년에 어떤 덤프트럭이 망가뜨리고 말았습니다." 한쪽 끝이 파괴된 다리는 물속에 반쯤 잠긴 채 비스듬히 기울어져 있다. 오래된 것들이 파괴당한 현장보다 새들에 더 관심이 많은 JD는 다리의 기둥 한 곳에 앉아 있는 회색 딱새를 발견한다.

루이스의 이야기가 이어진다. 작은 마을 출신의 사포텍Zapotec족 인디언이 멕시코 대통령이 된 것은 굉장한 일이라고. 후아레스는 출신이 미천하고, 가난한 사람들을 잘 이해하고, 자유주의 사상을 갖고 있다는 점에서 멕시코의 에이브러햄 링컨이었다. 루이스는 계속해서 후아레스의 어린 시절 이야기, 아니 신화들을 우리에게 이야기해준다. 그가 처음부터 위대한 인물이 될 재목이었음을 보여주는 이야기들이다.

이제 버스는 다시 600미터를 올라왔다. 오른쪽 높은 곳에 익스틀란 마을이 보인다. 분은 구름을 모자처럼 쓰고 겔라타오 마을을 굽어보고 있는 높은 능선 위의 식물원과 자기 집을 가리킨다. 이제부터 약 1.5킬로미터 정도는 키보카르푸스가 주종을 이루고 있다고 그가 말한다. 마크로필라 어쩌고 하는 식물이다. (그런데 키보카르푸스가 뭐지?)* 분은 이 아름다운 야생의 땅을 한 치도 빠짐없이 속속들이 알고 있다.

그가 1940년대에 젊은 나이로 이곳에 오게 된 계기가 무엇인지 궁금하다.

나는 사물을 식별하고 분류하고 정리하고 싶어 하는 우리의 근본적인 욕구에 관해 스코트와 이야기를 나눈다. 스코트는 자신이 대뜸 종을 알아보기보다는 먼저 그보다 넓은 범주인 과를 찾아본 뒤 속을 거쳐

---

* 내가 이름을 잘못 들었음이 틀림없다. 나중에 다른 사람들에게 '키보카르푸스'가 뭐냐고 물어봤지만, 모두들 그것이 무엇인지 짐작조차 하지 못했다.

종으로 범위를 좁히는 편이라고 말한다. 이렇게 사물을 분류하는 습성이 우리 뇌에 얼마나 단단히 박혀 있는지 궁금하다. 선천적인 것과 후천적인 것의 비중이 각각 얼마나 될까? 예를 들어, '생물'과 '무생물'은 우리가 선천적으로 구분하는 범주인 걸까? 그럼 영장류가 뱀에게 보이는 반응은? 새끼 박쥐와 새끼 새들은 자기들이 수정에 도움을 주어야 하는 식물들을 반드시 배워야만 알 수 있는 걸까? 우리는 새들이 지저귀는 소리가 반은 선천적이고 반은 후천적인 것이라는 대화를 나눈다.

마침내 야노 데 라스 플로레스에 도착했다. 존 미켈이 부지런히 돌아다니며 온갖 양치류들의 이름을 말해준다. 실드펀Shield fern, 도깨비고비, 참새발고사리, 한들고사리, 고사리, 개중에는 높이가 4.5미터나 되는 것도 있다. 모두 온대지방에서 흔히 볼 수 있는 것들이다. 플레코소루스 스페키오시시무스*Plecosorus speciosissimus*와 플라기오기리아 펙티나타*Plagiogyria pectinata*도 있다. 나는 돌돌 구르는 듯한 이 라틴어 학명이 좋다. 먼 옛날 학문적인 분위기가 물씬 풍기던 시절을 연상시키기 때문이다. 자그마한 이파리와 원뿔들을 매달고 동화책에서 튀어나온 듯한 난쟁이 식물 석송이 협곡 양편을 뒤덮고 있다. 나무 몸통에 달라붙어서 자라는 착생생물들도 많아서 나무껍질이 손톱만큼도 보이지 않는다. 대개 이런 착생생물들은 나무껍질에 매달리기만 할 뿐 나무에 기생하거나 그 밖의 해를 끼치지는 않는다. 착생생물의 무게 때문에 나무가 쓰러지는 경우가 있기는 하지만 말이다. (오스트레일리아의 강우림에서 이런 일이 있었다는 이야기를 들은 적이 있다. 그곳에서 자라는 양치류 중 박쥐란은 무게가 무려 200킬로그램 이상 나가기도 한다.)

고사리밭 속에 들어가 있는 JD는 새로운 새들을 발견할 때마다 그 커다란 턱수염을 매단 채 이리저리 고개를 홱홱 돌리며 황홀경에 빠진다. 기쁨의 탄성이 그의 입술에서 끊임없이 터져 나온다. "세상에! 세상에! 저것 좀 봐…, 저렇게 아름다울 수가…." 그의 열정과 흥분은 좀처럼 수그러들지 않는다. 새들의 아름다움과 신선함에 감탄하는 감각도 마찬가지다. 그는 에덴동산의 아담 같다.

고백하건대, 나는 고사리를 좋아한다. 고사리를 뜻하는 'bracken' 또는 'brake'가 아주 오래된 단어라는 점이 이유 중 하나다. 14세기의 원고들에 이미 "braken & erbes"[고사리와 허브]라는 표현이 등장하며, 노르웨이어와 아이슬란드어를 비롯한 여러 게르만어에서도 비슷한 이름이 살아남았다. 고사리에는 이파리가 하나뿐인데, 봄에는 밝은 초록색이었다가 점점 어두워지는 그 이파리가 점점 번져나가서 때로는 양지 바른 산허리를 온통 뒤덮어버리곤 한다. 그 모습을 바라보는 것이 즐겁다. 캠핑을 할 때는 이 이파리가 짚보다 더 편안한 잠자리가 되어주기도 한다. 습기를 흡수하는 능력과 단열성이 아주 뛰어나기 때문이다. 하지만 그 위에서 잠을 자거나 감탄하는 것과, 그것을 음식으로 먹는 것은 다른 얘기다. 소와 말은 봄에 어린 새싹을 먹기도 하는데, 이렇게 고사리를 먹은 짐승들은 때로 '고사리 휘청거림bracken-stagger'이라는 증세를 일으킨다. 고사리에 함유된 티아미나아제라는 효소가 신경계의 정상적인 자극전도에 필요한 티아민을 파괴하기 때문이다. 신경학자로서 나는 이 부분에 흥미가 간다. 고사리 휘청거림 증세를 일으킨 동물들은 몸을 조종하는 능력을 잃고 휘청거리거나 '불안'과 경련을 일으킨다. 그런데도 계속 고사리를 먹는다면, 발작을 일으켜 죽음에 이르게 된다.

하지만 이것은 고사리의 레퍼토리 중 극히 일부에 불과하다는 것을 이제 알겠다. 로빈은 고사리를 가리켜 "양치류 세계의 루크레치아 보르자Lucrezia Borgia"라고 말한다. 고사리를 먹는 곤충들이 연달아 무서운 일을 겪게 되기 때문이다. 곤충이 고사리의 어린잎을 물자마자 잎에서는 시안화수소가 방출된다. 그런데 이것으로도 곤충이 물러나지 않거나 목숨을 잃지 않는다면, 그보다 훨씬 더 잔인한 독이 준비되어 있다. 고사리는 엑디손이라는 탈피호르몬을 그 어떤 식물보다 많이 갖고 있다. 곤충이 이 호르몬을 섭취하면 걷잡을 수 없는 탈피를 겪게 된다. 로빈의 표현에 따르면 그래서 결국, 그 고사리의 어린잎이 곤충의 마지막 식사가 되고 마는 것이다. 로마인들은 마구간 바닥에 고사리가 대부분을 차지하는 두엄을 깔았다. 그런 관습의 기원은 1세기까지 거슬러 올라가는데, 그런 마구간에서 발견된 쇠파리의 번데기 껍질 25만 개를 조사한 결과 거의 모든 껍질에서 발달 정지나 왜곡 현상이 나타났다.

그런데 이것만으로도 충분하지 않은지, 고사리에는 강력한 발암물질도 한 가지 들어 있다. 쓴맛을 내는 타닌과 티아미나아제는 요리 과정에서 대부분 파괴되지만, 사람이 오랜 기간 다량의 고사리를 먹으면 위암에 걸릴 가능성이 높아진다. 이처럼 무서운 화학물질들을 갖추고 공격적으로 번져나가는 성질, 죽이는 것이 거의 불가능하다는 점, 땅속 깊이 뻗어 있는 뿌리줄기 때문에 고사리는 엄청나게 넓은 땅을 뒤덮어서, 땅에 붙어 자라는 다른 식물들에게서 햇빛을 빼앗아버릴 수 있는 괴물이 될 잠재력을 지니고 있다.

하지만 이곳에서 자라는 고사리인 프테리디움 피이*Pterium feei*는 무척 아름다우며, 평범한 고사리와는 달리 상당히 희귀하고 특별한 종이다. 멕시코 남부와 과테말라, 온두라스에서만 자라는 토종 식물이기 때문이다.

존은 내일 대서양에 면한 능선에서 프테리스*Pteris*속에 속하는 식물 한 종을 보게 될 것이라고 약속한다. 프테리스라는 속명을 프테리디움과 헷갈리기 쉽지만, 이 둘은 서로 아주 다른 과에 속한다. 우리가 내일 보게 될 것은 위풍당당한 프테리스 포도필라*Pteris podophylla*인데, 이 식물의 잎은 아주 이례적으로 길이가 3~3.6미터쯤 되는 부채 모양이다. 존이 잔뜩 들떠서 이 식물의 거대한 '새발 모양' 이파리에 대해 엄청난 찬사들을 쏟아놓았기 때문에 나는 그의 책인 《멕시코 오악사카의 양치류 식물군》에서 이 식물을 찾아 읽어보기로 한다. 하지만 그 과정에서 프테리스속의 또다른 식물인 프테리스 에로사*Pteris erosa*에 대한 설명이 내게 기습공격을 가한다. 이 식물은 《멕시코 오악사카의 양치류 식물군》의 공저자인 존과 조지프 비텔이 1971년의 오악사카 탐방여행에서 발견한 것이다. 그런데 내가 무엇보다도 놀란 것은 이 책에서 프테리스 에로사에 대한 영어 설명 앞에 라틴어로 된 문단이 하나 있다는 점이다. "Indusio Fimbrato, rachidis aristis 1 mm longis necnon frondis dentibus marginalibus apicem versus incurvis diagnoscenda." 존에게 물어보니 그는 새로운 종이 발견되면 그 형태에 대한 설명, 즉 분석 기준을 반드시 라틴어로 기술하는 것이 전통이라고 설명해준다. 수

세기 전에는 식물학은 물론 동물학과 광물학 분야에도 그런 관행이 있었다는 걸 나도 알고 있었다. 그런데 이 기묘한 중세적 관습이 식물학 분야에서는 지금까지 끈질기게 살아남아 있는 모양이다.

우리는 한 시간 동안 양치류를 살펴본 뒤 점심을 겸한 휴식을 갖는다. 그런데 나는 그만 무모하게도 과식을 해버린다(고도가 2,700미터나 되는 높은 곳이라는 점이 식욕을 부채질했다). 샌드위치를 한 개, 두 개, 세 개나 먹고 디저트를 먹은 뒤 마무리로 맥주까지 두 잔 마셨다. 그러고 나서 일행과 함께 버스에 오른다. 버스는 샛길이 나올 때까지 3킬로미터쯤 왔던 길을 되짚어 간다. 존은 우리가 곧 들어가려는 샛길이 엄청나게 아름답다고 말한다. 그 길은 착생식물들이 매달려 있는 숲을 통과해서 양치류가 잔뜩 자라는 석회암으로 이어져 있다. 우리는 거의 3,000미터 높이까지 구불구불 이어진 샛길을 따라 경쾌하게 걷는다. 하지만 내게는 지나치게 경쾌한 걸음걸이였는지 속이 불편해지기 시작한다. 과식을 한 데다가 기포가 든 맥주까지 마신 탓에 음식이 속에서 폭발해버린 것 같다. 오르막길을 걸으면서 나는 숨이 가빠진다. 심장이 쿵쿵거리고 구역질이 밀려온다. 식은땀이 흐르기 시작한다. 안 그래도 고산병 때문에 힘든 마당에 멍청하게 과식을 하다니. "서두르지 마세요!" 사람들이 성큼성큼 내 옆을 지나치며 말한다. 나는 이래 봬도 상당히 건강한 편이라고 생각하지만, 나이가 예순여섯 살이고 아직 고도에 적응하지 못했다. 머리에서 피가 빠져나가는 것 같다. 만약 누가 내 얼굴을 봤다면 회색으로 보였을 것이다. 걸음을 멈추고 쉬고 싶지만, 빨리 다른 사람들을 따라잡아야 한다는 생각이 든다. 메스꺼움이 점점 심해지고, 머리가 쿵쿵 울리고, 현기증이 느껴진다. 머릿속 한구석에서는 아무렇지도 않다, 곧 괜찮아질 것이라는 목소리가 들려오지만, 다른 한 편에서는 걱정이 점점 커지고 있다. 그러다 갑자기 지금 당장 여기서 죽을 것 같다는 확신이 든다. 그래서 나는 숨을 몰아쉬며 바위에 털썩 주저앉아버린다. 이제는 메모를 할 힘도 남아 있지 않다. 저녁에 호텔로 돌아가서 기억을 되살려 오늘 오후의 일들을 적어야겠다.

4. Monday

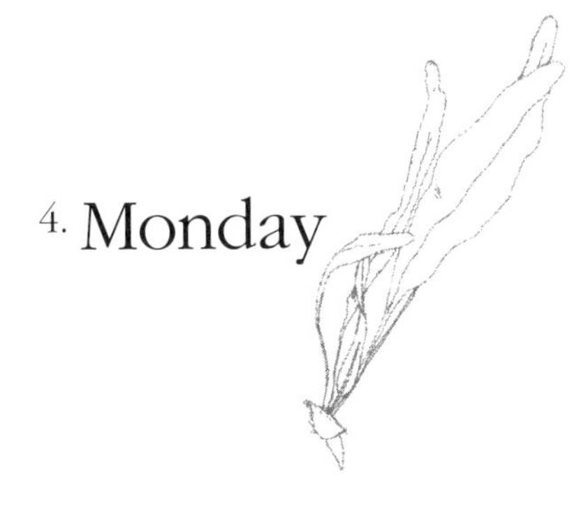

오늘 아침 일찍 딕 라우 부부와 함께 호텔 근처에서 산책을 하다가 사단이 벌어졌다. 길을 잃고서 팬아메리칸 고속도로를 횡단하려다 하마터면 목숨을 잃을 뻔한 것이다. 뚜껑이 덮이지 않은 하수구, 눈병과 종기를 앓고 있는 아이들도 보았다. 두려울 정도의 가난, 더러운 환경. 디젤매연 때문에 질식할 뻔했고, 어쩌면 광견병에 걸렸을 수도 있는 사나운 개에게 물릴 뻔했다. 이곳은 차들이 가득한 현대적인 도시 오악사카의 이면이다. 이곳에도 다른 도시들처럼 가난이 있다. 내가 이곳의 에덴동산 같은 풍경에 너무 취하기 전에 이런 이면을 보게 된 것이 어쩌면 다행한 일인지도 모른다.

나는 저 유명한 툴레Tule 나무, 엘 기간테El Gigante를 보고 싶었다. 산타 마리아 델 툴레Santa Maria del Tule의 교회 마당에 서 있는 거대한 낙엽송. 50여 년 전 학교 생물 시간에 슈트라스부르거Eduard Strasburager의 《식물학 교과서Textbook of Botany》에서 낡은 사진을 처음 보고, 1803년에 이곳을 방문했던 알렉산더 폰 훔볼트가 그 나무의 나이를 4,000살쯤으로 추정했다는 글을 읽었을 때부터 그 나무를 보고 싶었다. 훔볼트 본인이 이 나무를 보려고 특별히 이곳을 찾아왔다는 사실, 그리고 그로부터 200년이 흐른 지금 내가 어쩌면 그가 서 있었을지도 모르는 바로 그 자리에 서 있다는 사실을 생각하니 한층 특별한 기분이 느껴졌다. 내게 훔볼트는 위대한 영웅과도 같다. 열네 살이나 열다섯 살 때부터 그랬다. 나는 도무지 만족할 줄 모르는 그의 엄청난 호기심, 감수성, 대담성을 사랑한다. 그는 에콰도르에서 가장 높은 산이자 안데스산맥의 일부인 침보라소 산을 처음으로 오른 유럽인이었으며, 60대 말에 광물과 식물을 채집하고 기상 관찰을 하기 위해 시베리아 여행에 나서면서도 그것을 별로 대수롭지 않은 일이라고 생각했다. 그는 확실히 자연계를 사랑했을 뿐만 아니라, 여행 중에 마주치는 다양한 문화와 사람들에게 이례

슈트라스부르거의 《식물학 교과서》에 실린 툴레 나무

적인 감수성을 보여주었다(모든 박물학자들이 이런 것은 아니다. 심지어 인류학자라도 마찬가지다).

현재 이 교회와 나무가 있는 곳은 오악사카의 외곽이지만, 훔볼트의 시대에는 아주 고립된 지역이었을 것이다. 옛날 사진을 보면 그 점을 분명히 알 수 있다. 옛날 사진 속의 교회는 허허벌판에 서 있지만, 지금은 북적이는 마을에 둘러싸여 있다. 사실 이 지역은 도시에 거의 흡수된 것이나 마찬가지다.

나무가 너무 커서 한눈에 그 모습을 다 담을 수 없다. 교회와 마을이 만들어지기 전에는 훨씬 더 굉장하게 보였을 것이다. 나무 때문에 교회가 난쟁이 장난감처럼 보인다. 높이(겨우 45미터)도 높이지만, 줄기의 둘레(거의 60미터)와 그보다 훨씬 더 거대하게 버섯 모양으로 퍼져서 괴물 같은 줄기 위에 얹혀 있는 가지들도 엄청나다.

온갖 새들이 나무를 드나든다. 나무에 녀석들의 집이 있기 때문이다. 스코트가 휴대용 렌즈와 카메라를 꺼내서 구과(毬果, 소나뭇과 식물의 열매—옮긴이)를 꼼꼼히 살피고 사진을 찍는다. 암컷 구과는 눈높이에 있고, 수컷 구과는 훨씬 위에 있다.

일흔다섯 살의 나이에도 호리호리하고 민첩하며 배지를 잔뜩 붙인 초록색 펠트 모자를 쓴 타카시 호시자키가 이 툴레 나무를 수령이 6,000살로 알려진 캘리포니아의 브리슬콘 소나무와 비교한다. 나는 카나리아제도에 있는 라구나의 유명한 드래곤 나무를 언급한다. 역시 수령이 6,000살로 추정되는 이 나무를 보고 훔볼트가 어찌나 감격에 겨운 미사여구를 늘어놓았는지, 다윈이 격리 조치 때문에 이 나무를 볼 수 없게 됐다는 소식을 듣고 깊이 실망했다고 한다. 타카시는 2,000년 전 이 지역 전체가 늪지의 일부로서 식물이 무성한 곳이었다고 내게 설명한다. 지금은 건조해져서 1년 중 태반이 넘는 기간 동안 반쯤은 사막과 비슷한 상태지만, 오랜 세월 방대한 뿌리를 퍼뜨리며 살아온 툴레 나무가 그간의 역사를 말해준다. 엘 기간테는 기후의 변화 말고 또 무엇을 보았을까? 여섯 가지쯤 되는 문명의 흥망성쇠, 스페인인들의 도래, 오악사카에서 인간들이 이룩한 모든 역사를 보았을 것이다.

툴레 나무의 엄청난 나이에 자극을 받았는지 루이스가 우리에게 오악사카의 선사시대에 대해 이야기해준다. 기원전 1만 5000년, 마지막 빙하기에 베링해협을 건너온 아시아인들이 북미 대륙에서 남쪽으로 이동하며 사냥과 낚시를 하고 식물을 채집해 살아갔다. 그리고 수천 년 뒤에는 매머드와 마스토돈mastodon 같은 대형 포유동물들이 죽어갔다. 인간의 사냥이 여기에 모종의 영향을 미쳤을까? 아니면 자연재해나 기후변화 때문이었을까? 사냥과 채집으로 살아가던 사람들은 어쩔 수 없이 다른 생존방법을 찾아야 했기 때문에 옥수수, 콩, 호박, 칠리, 아보카도를 재배하는 법을 터득했다(이들은 지금도 오악사카의 기본 작물이다). 기원전 2000년경에는 어떤 역사가의 말처럼 "중앙아메리카는 고지대와 저지대 전역에 농경마을들이 흩어져 있는 농부들의 세계였다".

루이스가 주요 농경지 근처에 영구적인 정착지가 옹기종기 만들어진 이야기를 한다. 이 마을들은 아주 일찍부터 서로 다른 관습, 기술, 언어를 갖고 있었다. 루이스는 유물들을 보면 당시 마을 사람들이 무엇을 먹었는지 알 수 있다고 말한다. 옥수수, 콩, 아보카도, 칠리가 주식이고, 사슴, 멧돼지, 야생 칠면조, 그 밖의 여러 새 등에게서 고기를 얻었을 것이다. 개는 가축화되었지만, 식량이기도 했다. 남자들은 허리에 천을 두르고 샌들을 신은 차림, 여자들은 허리에 천을 두르거나 잘게 찢은 섬유를 엮어 만든 치마를 입었다. 여행과 무역은 아주 일찍부터 이루어졌으며(오악사카 지역에서 수백 킬로미터나 떨어진 멕시코 중부나 과테말라에서 나는 흑요석을 이르면 기원전 5000년부터 이곳 마을들에서 볼 수 있었던 듯하다), 종교와 의식이 사람들의 삶에서 중요한 부분을 차지했다.

기원전 1000년부터 500년 사이에 최초의 대도시들이 만들어지면서 기념비적인 건축물들도 생겨났고, 예술과 의식, 사회적 복잡성, 문자기록도 한 단계 도약했다. 당시 가장 큰 도시는 몬테 알반Monte Albán이었는데, 우리가 금요일에 직접 가서 볼 예정이다. 몬테 알반은 사포텍족 인디언들의 지배하에서 정점에 이르렀으며, 1,500년 동안 넓은 지역을 차지하고 번성했다. 그런데 서기 800년에 이 도시는 갑자기 주민들에게 버림받았다. 이유는 알려져 있지 않다. 이 도시가 사라진 뒤 그보다 작은 지역 중심지들이 연달아 생겨났다. 우리가 지금 향하고 있는 야굴Yagul도 그런 도시 중 하나였다. 목요일에 가볼 예정인 미틀라Mitla도 마찬가지다. 이런 작은 중심 도시들은 사포텍족의 문화를 계속 이어가면서 또한 다양한 문화를 받아들여 더욱 풍요로워졌다. 서기 1100년경에는 오악사카 서쪽의 믹스텍Mixtec 문화, 1400년경에는 북쪽의 아즈텍 문화가 이곳으로 유입되었다. 루이스는 그로부터 100년 뒤 스페인인들이 와서 있는 힘껏 그 전의 모든 흔적을 지워버렸다고 말을 맺었다.

야굴이 가까워지고 있다. 루이스는 빨간 바탕에 추상적인 디자인의 하얀 그림이 엄청나게 크게 그려져 있는 절벽을 가리킨다. 그림 위에는 거대한 막대 인형 모양의 사람이 그려져 있다. 어찌나 현대적인지 이제 막 그린 듯한 느낌이 난다. 그것이 1,000년 전의 그림인 줄 누가 짐작이나 할 수 있을까? 그림의 뜻이 무엇인지 궁금하다. 무슨 종교적 상징 같은 것인가? 악령이나 침입자들에게 보내는 경고? 아니면 야굴로 향하는 동쪽 여행자들을 위한 거대한 도로표지판? 아니면 순전히 그림을 휘갈기는 게 좋아서 누군가가 그려놓은 선사시대의 그래피티?

야굴로 들어섰을 때, 처음에는 풀이 자라는 둔덕과 돌더미밖에 보이지 않는다. 모든 것이 흐릿하고 모호하고 무의미하고 단조롭다. 하지만 여기저기를 둘러보며 루이스의 말에 귀를 기울이는 동안 조금씩 조금씩 눈앞의 광경이 선명해진다. 로빈이 사금파리 하나를 주워들고 과연 얼마나 오래된 것인지 궁금해한다. 이 점잖은 유적은 처음에는 그다지 극적으로 보이지 않는다. 여기에 의미를 입히고, 이곳을 건설하고 여기에 살았던 과거의 문명을 상상하려면 특별한 안목, 고고학자의 눈, 역사에 대한 지식이 필요하다. 유적 중앙에 풀이 자란 뜰이 있고, 그 중앙에 단으로 둘러싸인 제단이 있다. 루이스의 말로는 북서쪽에서 남동쪽을 향하고 있다고 한다. 사포텍족이 나침반을 갖고 있었던 걸까, 아니면 해를 보고 방향을 잡았을까?

풀에 뒤덮인 둔덕 네 개가 제단을 둘러싸고 있다. 그중 하나가 열려 있어서 땅속의 무덤으로 들어갈 수 있다. 나는 겁을 내면서 조심조심 내려간다. 3미터쯤 내려가자 공기가 어찌나 싸늘한지 거의 얼음 같다. 이곳에 산 채로 파묻힐지도 모른다는 공포가 갑자기 나를 사로잡는다. 루이스의 설명을 들으면서 나는 포로로 사로잡혀 제단에서 희생제물로 바쳐지는 젊은 전사들의 모습을 떠올린다. 흑요석으로 만들어진 칼이 그들의 상체를 가르고, 심장이 뜯겨 나와 신들에게 바쳐진다. 한낮의 태양이 빛나는 밖으로 다시 나오니 눈이 부시다. 한때 멋진 궁전이었던 곳의 흔적이 눈에 들어온다. 미로 같은 통로들과 안뜰과 작은 방들. 하지만 궁전을 구성하고 있던 석재들이 대부분 사라져버렸기 때문에, 지금은 평면도 같은 모습만 남아 있을 뿐이다.

나의 문화와는 근본적으로 다른 문화와 삶이 조금씩 느껴진다. 어떻게 보면 로마나 아테네에서 느껴지는 감정과 비슷하지만, 상당히 다른 부분도 있다. 이곳의 문화가 워낙 다르기 때문이다. 우선 무엇보다도 완전히 태양, 하늘, 바람, 날씨에 기울어져 있다. 건물들도 밖을 향하고, 사람들의 삶도 밖을 향하고 있다. 그리스와 로마에서 안마당, 내실, 화덕 등 안에 초점이 맞춰져 있는 것과 대조적이다. 중앙아메리카의 이런 문명에서는 어떤 시들이 만들어졌을까? 그것들이 글로 기록되었을까, 아니면 순전히 구전으로만 전해졌을까?

야굴은 1,000년, 2,000년 전 이곳 중앙아메리카의 삶과 문화가 어땠는지를 처음으로 살짝 보여준다. 하지만 루이스는 이것이 서막에 불과하다고 말한다. 앞으로 이보다 훨씬 더 굉장한 유적들을 보게 되리라는 것이다.

개 한 마리가 계단의 응달에 나른하게 늘어져 있다. 나는 그 옆에 앉는다. 녀석은 게으른 눈을 떠서 나를 훑어보더니 내가 위협적인 존재가 아니라는 것을 깨닫고, 아니 사실은 형제 같은 존재라는 것을 깨닫고 다시 눈을 감는다. 우리는 함께 앉아 평화를 즐긴다. 우리 둘 사이에 감정이 오가며 마음이 통했다는 느낌이 든다. 녀석은 휴식을 취하고 있지만, 그와 동시에 긴장을 늦추지 않는다. 눈을 반쯤 감고 누워 있는 대초원의 사자처럼, 아무것도 모르는 사냥감이 나타날 때까지 꼼짝 않고 기다리다가 순식간에 폭발하듯 달려드는 악어처럼. 휴식을 하면서도 긴장을 늦추지 않는 이런 상태를 생리학적으로 어떻게 분석할 수 있을까? 우리 인간도 이런 재주를 부릴 수 있는가?

여행자답게 야굴 구경을 제대로 마친 우리 식물학자들은 야굴 외곽의 들판으로 이리저리 흩어져서 야굴을 굽어보는 산으로 올라가 이 바싹 마른 땅에서 바싹 말라 있는 양치류들을 살펴본다. 바싹 말라 있지만 결코 죽은 것은 아니다(하지만 나처럼 무지한 사람이 보기에는 이 양치류들이 영락없이 시들어서 죽어버린 것 같다). 이렇게 바싹 마른 상태에서는 신진대사가 거의 이루어지지 않는 것이나 마찬가지다. 하지만 하룻밤 동안 비를 맞거나 물에 담가 놓으면 다음 날 아침 통통하게 불어서 되살아나 아름답고 신선한 초록색 자태를 뽐낸다고 존 미켈이 말한다.

내가 보기에 가장 흥미를 끄는 것은 이른바 부활고사리(사실은 양치류의 친구), 즉 셀라기넬라[바위손속] 레피도필라*Selaginella lepidophylla*이다. 이제 생각해보니, 시장에서 단단히 겹쳐진 갈색 꽃잎 모양의 이 고사리를 보았던 것 같다. 우리는 같은 모양을 하고 있는 부활고사리 몇 개를 주워서 하룻밤 물에 담가두기로 한다.

바싹 말라서 줄어든 양치류를 주위의 갈색 땅과 구분해내는 데는 노련한 안목이 필요하지만, 우리 일행은 대부분 이런 일을 해본 경험이 있다. 그래서 옷이 더러워지든 말든 상관하지 않고 렌즈를 손에 든 채 땅 위를 기어다니거나 능선을 기어오르며 쉴 새 없이 새로운 양치류를 채집한다. "노톨라에나 갈레오티*Notholaena galeottii*!" 누군가가 외친다. "아스트롤레피스 시누아타*Astrolepis sinuata*!" 또 다른 누군가가 외친다. 체일란테스도 무려 다섯 종이나 있다. 하지만 이것들은 수분 손실을 최소화하기 위해 이파리를 떨어뜨려서 거의 형태가 남아 있지 않은 갈색 줄기 모양을 하고 있기 때문에 찾아내기가 가장 어렵다. 이 줄기들은 죽은 것처럼 보이지만, 존의 설명에 따르면 봄에 비가 몇 시간만 내려도 다시 살아난다고 한다. 부활고사리처럼 이 식물들도 사막의 삶에 훌륭히 적응한 것이다. 그들은 재빨리 이파리를 떨어뜨려 수분 손실을 줄일 수 있게 해주는 특별한 탈리脫離층을 갖고 있다.

이 바싹 마른 풍경 속에서 거의 유일하다고 할 수 있는 초록색 식물은 몇몇 나무의 관다발에 더부살이를 하고 있는 겨우살이들이다. 비록 겨우살이가 광합성을 통해 스스로 만든 영양분 중 일부를 나무에 제공하기는 해도 숙주인 나무에게서 물과 영양소를 빼앗아가는 것처럼 보이기 때문에(로빈은 "반半기생 상태"일 뿐이라고 말한다) 나무 입장에서는 겨우살이가 반갑지 않을 것 같다. 겨우살이가 붙어 있는 가지들은 가늘게 줄어든 것처럼 보인다. 엄청나게 무성한 겨우살이를 보며 나는 내심 부르르 떤다. 겨우살이가 나무에 자리를 잡고서 물기를 다 빨아들여 나무를 죽이는 모습이 떠오르기 때문이다. 그 밖에 다른 기생생물들, 심리적 기생충들도 떠오른다. 때로는 사람들 역시 남들에게 기생하다가 결국 그들의 목숨을 빼앗기까지 하면서 살아간다.

나는 엄청나게 열성적인 데이비드 에머리에게 말을 건다(그는 몸집이 거대해서 쉽게 움직일 수 없을 것 같은데도 항상 가장 먼저 버스에서 뛰어내려 땅에 납작 엎드리거나, 몸을 반으로 접어 구부리거나, 능선을 재빨리 오르며 식물을 찾는다). 데이비드는 젊었을 때 화학교사였다(지금은 생물학을 가르치고 있다). 그래서 우리는 화학과 관련된 이야기나 추억들을 서로에게 들려주기 시작한다. 그는 수은망치(알코올과 드라이아이스로 얼린 수은)에 얽힌 추억을 이야기하고, 손 양편에 염화철을 놓고 한쪽에는 X, 반대편에는 Y를 첨가했더니 색이 빨갛고 파랗게 변했던 이야기를 한다. X와 Y가 뭘까요? 그가 내게 묻는다. 염화철의 색이 프러시안블루로 바뀌었다면 Y는 페로시안화칼륨이네요. 나는 이렇게 대답하고 나서 빨간색에 대해서는 조금 머뭇거린다. 티오시안산칼륨이에요. 그가 말한다. "아, 그렇지!" 내가 말한다. 나 자신에게 화가 난다. 버찌처럼 새빨간 티오시안산철의 모습이 금방 머리에 떠오른다.

데이비드는 내가 《뉴요커》에 기고한 글이 마음에 들었다고 말한다. '화학을 좋아하던 나의 소년시절' 추억을 쓴 글인데, 웅황과 계관석, 황화비소 이야기가 나온 것이 좋았다고 한다. 그는 또한 자기가 가장 좋아하던 황화비소 광물은 '미스피켈[mispickel, 황비철석]이라는 이상한 이름이 붙어 있었는데, 학생들은 항상 이 이름을 '미스 피클Miss Pickle'로 착각했다는 이야기를 들려준다. 그 뒤로 나는 데이비드와 만날 때마다 이 세 가지 황화물을 인사말 대신 주고받는다. 그가 "웅황"이라고 말하면, 나는 "계관석"이라고 되받아치고, 그러면 그가 "황비철석!"으로 인사를 완성한다.

5. Tuesday

오전 7시. 산 위로 해가 떠오른다. 나는 묘하게 사람이 없어서 조용한 호텔 식당에 혼자 앉아 있다. 일행은 3,000미터가 넘는 산길을 넘어 대서양에 면한 능선으로 가서 독특한 양치류(나무고사리!)를 보는 16시간짜리 여행을 위해 아침 5시에 호텔을 떠났다. 하지만 나는 복잡한 심정으로 양해를 구하고 그 여행에서 빠졌다. 덜컹거리는 버스를 10시간이나 타면 등이 지독하게 아파올 것이다. 걷기, 식물 찾기, 탐험 기분을 느끼는 것은 정말 좋지만 어디서든 버스에 오래 앉아 있는 것은 내게 시련이다. 그래서 나는 하루를 조용히 쉬면서 느긋하게 빈둥거리기도 하고, 책도 읽고, 수영도 하고, 내가 지금 무엇을 하고 있으며 이 여행의 결말이 어떻게 될지에 대해서 곰곰이 생각도 해볼 작정이다. 마을 중앙의 광장에 나가서 몇 시간 동안 돌아다닐 생각도 있다. 토요일에 겨우 언뜻 보았을 뿐인데도, 빨리 광장에 나가보고 싶은 마음이 가득하다.

나는 광장의 야외카페에서 작은 테이블을 하나 찾아 앉는다. 낡았지만 멋진 성당이 왼쪽에 있고, 이 매력적이고 활기찬 광장에는 잘생긴 젊은이들과 카페들이 가득하다. 성당 옆에서는 세라피(멕시코 사람들이 어깨에 걸치는 기하학 무늬의 모포 — 옮긴이)와 밀짚모자 차림의 늙은 인디언 여자들이 성상聖像과 자질구레한 장신구를 팔고 있다. 나무들(무화과의 일종인데도 인디언 월계수라고 불린다)에는 잎이 무성하고, 하늘과 공기에서는 봄의 느낌이 난다. 헬륨을 채운 풍선들이 엄청나게 커다란 다발로 묶여서 팽팽한 끈에 매달려 하늘에 떠 있다. 어떤 다발은 아이 하나쯤은 거뜬히 매달고 날아갈 수 있을 만큼 커 보인다. 줄에서 풀려나 광장 위의 나뭇가지에 자리를 잡은 풍선도 있다. (풍선이 무한히 높은 창공으로 올라가다가 제트엔진의 공기 흡입구로 들어가면 비행기가 불길에 휩싸여 추락하는 일도 일어날 수 있겠다는 생각이 든다. 그런 광경이 갑자기 생생하게 눈앞에 떠오르지만, 이건 터무니없는 생각이다.)

얼굴이 하얗고, 옷차림이 점잖지 못하고, 행동이 어색한 관광객들은 이 우아한 원주민들 사이에서 금방 눈에 띈다. 앉아 있는 내게 누군가가 나무로 만든 빗을 내밀며 사라고 권유한다. 나 역시 얼굴이 하얗고 낯선 존재라서 관광객들 못지않게 도드라져 보이는 모양이다.

이렇게 기분 좋은 광장의 야외카페 테이블에 앉아 글을 쓰는 것…, 이런 것이 바로 달콤한 인생이다. 조국을 떠나 아바나와 파리에서 생활하며 카페에서 글을 쓰던 헤밍웨이와 조이스의 모습이 떠오른다. 반면 오든은 항상 어두운 방에 혼자 앉아서 글을 썼다. 바깥세상의 것들에 정신이 산만해지지 않으려고 방에는 커튼을 쳤다. (플래카드를 든 청년이 내 앞을 행진한다. "죄를 고백하라! 그렇지 않으면 예수님도 구원해주실 수 없다!") 나는 정반대다. 나는 햇볕이 잘 들고, 시원하게 트인 곳에서 글을 쓰는 것이 좋다. 창문을 통해 바깥세상의 온갖 풍경과 소리와 냄새가 들어오는 곳. 카페 테이블에서 글을 쓰는 것도 좋다. 내 앞의 세상을 (비록 멀리서나마) 볼 수 있기 때문이다.

내 경험상 음식을 먹는 것과 움직이는 것이 글쓰기에 가장 도움이 된다. 그러니 내게 가장 이상적인 환경은 기차의 식당칸인지도 모르겠다. 물리학자 한스 베테Hans Bethe가 태양의 핵융합반응 주기를 떠올린 곳도 식당칸이었다고 한다.

풍선 장수가 엄청나게 거대한 풍선다발을 들고 내 앞의 자갈 포장길을 건너 쓰레기통에 뭔가를 버린다. 걸음걸이가 어찌나 가벼운지 거의 둥둥 떠가는 것 같다. 혹시 헬륨을 넣은 풍선 때문에 반쯤은 공중부양 상태가 된 것이 아닐까?

금속 세공으로 장식되고 둥근 지붕을 머리에 얹은 예쁜 전망대가 광장 한가운데에 있다. (나중에 알고서 깜짝 놀란 사실이지만, 전망대 아래의 지하로 내려가는 것도 가능하다. 지하에는 다각형 모양의 가게들이 여섯 개쯤 늘어서 있다. 육각형들이 모인 벌집과 비슷하다.) 전망대는 왠지 우주선과 조금 닮은 모양이라서, 영화 〈우주전쟁〉에 나오는 외계 우주선 같다.

나는 이렇게 주위 풍경에 대한 인상을 간단히 적는 것을 좋아한다. 읽어도 읽어도 끝이 없는 화학책에는 이제 질렸다! 이제부터는 가벼운 이야기책이나 에세이, 신문 비평, 각주, 여담, 논평 같은 것만 읽는 편이 나을지도 모른다….

아무도 나를 방해하지 않는다. 심지어 사람들이 나를 어느 정도 존중해주기까지 한다(내 생각이지만). 아마도 나의 덩치, 끊임없이 움직이는 펜, 턱수염 때문에 파파 헤밍웨이 비슷하게 보이는 모양이다.

새장을 가득 매달고 있는 남자.

아이들이 글을 쓰고 있는 내게 다가온다. "페소, 페소…." 애석하게도(아니, 운이 좋은 건가) 내게는 돈이 없다. 적어도 동전은 확실히 없다. 나는 마지막으로 남아 있던 5페소로 시장에서 빵을 샀다. 생각보다 컸지만, 가벼운 것이 좋았다. 나는 20분 동안 천천히 그 빵을 먹었다.

지금은 1시다. 아침 7시에는 상당히 쌀쌀한 날씨였지만, 지금은 다소 따뜻한 편이다. 몇 시간 전 이 광장에 나왔을 때는 다들 그늘을 피해 햇볕이 잘 드는 곳에 모여 앉아서 도마뱀처럼 볕을 쬐었다. 하지만 지금은 정반대 상황이 되었다. 햇볕을 듬뿍 받고 있는 카페와 벤치에는 인적이 끊어지고, 서늘한 그늘에 있는 카페와 벤치에 사람이 바글거린다. 그러다가 늦은 오후가 되자 사람들은 마지막 남은 햇볕을 찾아 다시 원래 자리로 돌아간다. 이 하루 동안 사람들이 움직이는 모습을 저속촬영 필름으로 찍어두었다면 좋았을 것이다. 30초마다 한 프레임이라면, 8시간 동안 1,000프레임이 된다. 그것이면 하루 동안 사람들이 움직이는 모습이 요약된 1분짜리 재미있는 동영상을 만들 수 있었을 것이다.

고린도서 5장 7절의 구절이 적힌 플래카드를 들고 있는 젊은 전도자는 세속의 움직임에 아랑곳하지 않고 계속 같은 자리를 지키고 서 있다. 그의 생각은 천국에만 고정돼 있다.

버스정류장 맞은편의 광장 가장자리에 장갑 트럭 한 대가 서 있다. 제복을 입은 경비원 두 명이 무거운 가방(금괴라도 들었나?) 한 개를 트럭 안으로 옮긴다. 또 다른 경비원은 대단히 효과가 좋을 것 같은 자동총을 들고 두 경비원을 지킨다. 이 모든 일이 30초 안에 이루어진다.

호텔의 셔틀버스가 나를 다시 호텔로 실어다준다. 동행인 시가를 피우는 남자와 그의 아내, 두 사람 모두 스위스식 독일어를 쓰고 있다. 호텔의 셔틀버스와 이 스위스식 독일어가 나를 갑자기 1946년으로 데려간다. 전쟁이 끝난 직후인 그해에 우리 부모님은 유럽에서 유일하게 "망가지지 않은" 나라인 스위스에 가보기로 했다. 루체른의 슈바이처호프 호텔에는 40년 전부터 한결같이 조용하고 아름답게 움직이는 전차가 있었다. 당시 열세 살로 사춘기 직전이던 나의 달콤하면서도 고통스러운 추억이 갑자기 떠오른다. 그때 나는 세상을 얼마나 신선하고 날카로운 눈으로 바라보았는지. 부모님은 겨우 쉰 살로 젊고 활기찬 모습이었다. 만약 그때 누군가가 내게 미래를 미리 알려주겠다고 제의했다면, 나는 그 제의에 응했을까?

호텔에 도착하니 국제저차원물리학회 참석자들이 보인다. 그들도 이 호텔에서 오전마다 공식적인 회의를 열고 있다. 그들은 과연 무슨 이야기를 나누는지 궁금하다. 평면 폭발이나 평면 세계 같은 것? 우리 일행과 그들 사이에는 전혀 접촉이 없었다. 우리의 '현실'인 양치류 세계가 그들이 보기에는 틀림없이 너무 조악할 것이고, 그들의 세계는 아마 우리가 감당하기 힘들 만큼 난해할 것이다. 어제 누군가가 "이 평범하게 보이는 사람들이 이론물리학자라는 겁니까?" 하고 말하는 것을 우연히 들었다. (이론물리학자들은 평균 아이큐가 160 이상으로 모든 분야의 과학자들 중에서 가장 지능이 뛰어나다는 말을 어디선가 읽은 적이 있다.) 하지만 오늘 그들의 모습을 보니 정말로 '평범한' 모습이라고 해도 되는 건지 잘 모르겠다. 본질을 꿰뚫어보는 지성이 그들의 목소리와 몸짓에 활기를 주는 것이 보이기 때문이다. 하지만 내 생각이 틀렸을 수도 있다. 내가 알고 있는 초超천재급 과학자들도 겉으로는 이렇다 할 표식이 없는 것 같다. 흄에 대한 동시대인들의 논평도 생각난다. 그들은 흄이 "거북이 고기를 먹는 시의원"처럼 생겼다고 생각했으며, 흄의 어머니는 그가 "정신적으로 허약"하다고 생각했다. 그리고 파리의 살롱들은 그의 겉모습과 내면 사이의 엄청난 괴리에 당혹과 흥미를 느꼈다. 콜리지Samuel Coleridge의 얼굴에 대한 묘사도 비슷했다. 대개 푸딩 같고 이중턱이고 무표정하지만, 정신의 활기가 그 얼굴을 완전히 바꿔놓는다고 했다.

나는 가끔 내 얼굴이 좀 멍청하게 생겼다는 생각이 든다. 하지만 대부분의 사람들은 내 얼굴이 친절하게 생겼다고 보는 것 같다. 내가 뜻밖의 장소에서 거울이나 창문에 비친 내 모습을 언뜻 알아보지 못했을 때(그리 드물지 않은 일이다), 내가 내 얼굴에 대해 느끼는 인상도 그것과 비슷하다. "친절하고 착해 보이는 이 늙은 멍청이는 누구지?" 하지만 갑작스러운 영감이나 기쁨에 사로잡혀 활기를 띠며 열심히 집중하는 내 모습, 사무치는 슬픔과 쓸쓸함에 괴로워하는 모습, 분노하는 모습 또한 본 적이 있으니 내 얼굴이 내 생각만큼 푸딩 같고 무표정하지는 않을 것이다.

가만히 앉아 있거나 시내를 걸어 다니며 하루를 보낸 뒤 나는 수영을 한다. 호텔에 아름다운 수영장이 있지만, 이곳의 고도가 높아서 빠른 속도로 많은 거리를 헤엄칠 수 없다. 수영 다음에는 식당에서 혼자 하는 식사. 하루 종일 걸리는 여행에 나선 우리 일행이 아직 돌아오지 않았고, 아이큐가 높은 물리학자들은 틀림없이 시내 어디선가 이차원 식사를 하고 있는 모양이라 식당은 거의 텅 비어 있다.

스코트에게서 어제 들은 말이 나도 모르게 생각난다. 그는 자신이 진정으로 원하는 일은 예쁘고 정확한 그림과 풍부한 내용이 있는 아름다운 식물학 책을 만드는 것이라고 했다. 그는 자신이 10년 동안 작업하고 있는 식물도감(프랑스령 기아나 중부의 모든 관다발 식물, 꽃, 그들의 형태와 색깔과 향기를 기록한 책)이 그처럼 훌륭하고 아름다운 책이 되기를 바라고 있다. 그는 자신이 아름다운 식물학 책에 대해 야망을 갖고 있다는 점은 인정하지만, 직업적인 경쟁의식 같은 것은 전혀 느끼지 않는다고 했다. 내가 이 말을 어떤 동료에게 해주었더니 그는 깜짝 놀랐다. 하지만 그 동료가 아는 것은 아마도 스코트의 겉모습, 즉 일이 바쁜 부서를 책임진 행정가의 모습뿐일 것이다. 스코트는 현장 식물학이 유전체학과 실험과학에 자리를 내주고 있는 이때에 자신의 부서를 차질 없이 운영하기 위해 '녹록지 않은' 사람 같은 겉모습을 유지하는 수밖에 없을 것이다. 하지만 그의 내면에는 그보다 서정적이고, 이상을 더 소중히 여기는 또다른 스코트가 있음이 틀림없다. "아름다운 책"을 꿈꾸는 것은 바로 이 내면의 스코트다.

양치류 여행이 단순히 양치류만 보는 여행이 아니라는 것을 이제 조금씩 알 것 같다. 이 여행은 우리 것과 많이 다른 문화와 장소를 찾아가 보는 여행이다. 그리고 그보다 더 깊이 들어가면 다른 시대를 찾아가보는 여행이기도 하다(이곳의 모든 것, 모든 사람이 과거에 흠뻑 젖어 있다). 어디서나 문화의 융합을 볼 수 있다. 사람들의 얼굴에서, 언어에서, 예술 작품과 토기에서, 여러 가지 양식과 색깔이 결합된 건축양식과 옷차림에서, 어디서나 '식민지' 시대에 복잡하게 중첩된 두 문화의 흔적을 볼 수 있다. 우리 안내인인 루이스는 여러 면에서 스페인계의 특징을 지니고 있지만, 사포텍 인디언처럼 피부가 검고 몸이 건장하며 광대뼈가 높이 솟은 특징 또한 지니고 있다. 그의 조상들 중에는 마지막 빙하기에 베링해협을 건너온 사람들이 섞여 있을 것이다. 이곳 사람들에게 BC는 기원전을 뜻하는 기호가 아니라 코르테스 이전Before Cortes을 뜻하는 문자다. 스페인인들의 정복과 스페인 문화의 등장 이전, 그리고 그 후에 벌어진 일들 사이에는 이토록 절대적인 골이 패어 있다.

6. Wednesday

어제의 강우림 마라톤 여행을 가지 않은 것이 자꾸만 후회된다. 모두들 그 여행이 얼마나 굉장했는지 모른다고 나한테 말하고 있다. 오늘 오후에는 일행 중 몇 명이 어제 채집한 것들을 가지고 발표하는 시간도 마련되어 있다. 나는 무슨 생각으로 디스크 같은 진부한 병을 핑계 삼아 이런 기회를 희생해버린 걸까? 어제 다들 길고 피곤한 하루를 보냈기 때문에 오늘은 '자유 활동' 시간이다. 광물을 사랑하는 내게 자유 활동 중에서도 가장 매력적인 것은 이에르베 엘 아과Hierve el Agua 광천鑛泉에 가는 것이다.

오악사카 시에서 겨우 두 시간 거리인 광천 일대는 상당히 건조하다.

그곳에 가면 흔히 볼 수 없을 만큼 발육이 부진한 야자수들을 볼 수 있을 것이라고 한다(나의 《오악사카 안내서》가 이례적으로 폭발적인 상상력을 발휘해서, 이 나무들이 무리를 지어 자라고 있기 때문에 "사막 난쟁이 군대"처럼 보인다고 설명해놓았다). 또한 건조한 기후에 적응한 양치류들도 더 볼 수 있을 것이다. 나는 양치류가 습기와 그늘을 사랑하는 섬세하고 연약한 식물이라고 항상 생각했기 때문에 이 건생乾生 양치류를 보며 감탄을 금할 수 없다. 이곳에는 이글거리는 태양과 오랫동안의 건조한 날씨를 거의 선인장만큼이나 잘 견디는 양치류도 있다. 듣기로는 양치류 외에 다른 다양한 식물들과 새들도 있다고 한다. 우리와 함께 광천행에 나선 JD가 신이 난 이유다.

JD는 지금까지 한번도 본 적이 없는 희귀종을 보고는 좋아서 어쩔 줄 모른다. 뉴욕식물원에서 일하기는 하지만, 그는 존이나 로빈처럼 양치류 전공은 아니다. 그가 특별히 관심을 갖고 있는 것은 기름기 있는 수지를 분비하는 개화식물인 옻나무과의 식물들이다. 그는 전 세계를 돌아다니며 이 식물들을 연구하고 있다. 옻나무과 식물 중에서 가장 유명한 것으로는 덩굴옻나무(톡시코덴드론*Toxicodendron*속)가 있다. 하지만 옻나무과에는 덩굴옻나무 외에도 독성반응을 일으키는 식물이 많다. 캐슈넛나무, 망고나무, 브라질 고추나무, 검양옻나무, 중국 래커나무(나는 래커를 무엇으로 만드는지 확실히 모르고 있었다. 멕시코에서는 곤충으로 래커를 만들었다고 한다). JD는 이 나무들이 분비하는 수지가 산업용이나 의료용으로 쓰이고 있다고 말한다. 특히 세탁부 나무라고 불리는 나무의 수지는 세탁물에 표시해도 지워지지 않는 잉크를 만드는 데 쓰이고, 캐슈넛의 껍질에서 분비되는 수지는 모기 유충을 없애는 약과 항균제로 쓰인다. "대단한 식물들이에요!" JD가 결론 대신 이렇게 탄성을 지른다.

하지만 이제 그는 다시 자기 앞의 식물에 주의를 기울이고 있다. "이렇게 짜릿한 경험은 처음입니다. 프세우도스모딘기움*Pseudosmodingium*이 실제로 자라는 걸 보게 될 줄이야." 그는 계속해서 이 식물이 지닌 독성성분에 대해 설명한다. "아주 무시무시합니다. 아직 제대로 분석되지도 않았어요. 지독한 발진과 궤양을 일으키죠. 여기에 비하면 덩굴옻나무는 아무것도 아닙니다. 라텍스장갑을 가져오는 건데." 그는 이런 일에 대비해서 특별히 두꺼운 라텍스장갑을 가져왔지만, 하필이면 오늘 깜박하고 그것을 두고 나왔다. "세상에 이렇게 짜릿한 물건이 있을 줄 누가 상상이나 할 수 있겠습니까?" 그가 말을 잇는다. 그는 내일 사정을 봐서 아무리 돈이 많이 들더라도 택시를 타고 다시 이곳에 나와보겠다고 말한다. 반드시 라텍스장갑을 챙겨서.

광천은 석회암으로 이루어진 산 전체에 구석구석 스며들었다가, 산허리에서 부글부글 스며나와 커다란 웅덩이를 이룬다. 그리고 거기서부터 아래로 흘러내리면서 석회를 비롯한 여러 광물들을 여기저기 퇴적시키다가, 반원형의 절벽에 이르러 마침내 마지막으로 떨어져 내린다. 하지만 여기까지 오는 동안 많은 수분이 증발하거나 흡수되기 때문에, 절벽에까지 이른 물은 광물로 포화상태가 되다 못해 결정을 이루어 아래로 떨어지는 동안 돌로 화한다. 그래서 '석화 폭포'가 만들어진 것이다. 물 대신 누르스름한 흰색을 띤 광물성 방해석이 잔물결 모양의 거대한 판들을 이루어 폭포처럼 절벽에 매달려 있는 광경은 놀랍기 그지없다. 절벽 꼭대기에는 광물이 풍부하게 들어 있는 따뜻한 웅덩이가 있다. 이 진한 물에 몸을 담그고 싶다. 아니, 하다못해 물장구라도 치고 싶다. 하지만 이 순수하고 청결한 곳에 외국인인 나의 몸에 묻어온 더러운 세균을 옮기게 될까봐 두렵다. 존 미켈은 이 독특한 자연의 절경, (누군가의 말에 따르면) 온 세상에 하나밖에 없는 이 풍경을 아주 잠깐 흘깃 쳐다보고는 절벽 꼭대기의 다양한 양치류에게로 곧 주의를 돌려버린다. 그는 바위에서 새로운(적어도 나와 우리 일행에게는 새롭다) 건생 양치류를 찾아낸다. 아주 멋지게 생긴 은색의 아르기로초스마*Argyrochosma*(나는 이것을 "아르기로코스모스"로 잘못 듣고 은색 우주를 상상했다)와 아스트롤레피스 인테게리마*Astrolepis integerrima*다. 푸르스름한 회색 바위에서 나란히 자라고 있는 이 둘은 모두 바싹 마른 상태지만 분명히 살아 있다.

이들 못지않게 내 주의를 끄는 것은 이곳의 바싹 마른 바위들에 달라붙어 있는 자그마한 하트 모양의 우산이끼와 다른 이끼들이다. 내 눈으로 직접 보지 않았다면 이것들이 이런 곳에서 자랄 수 있다고는 생각하지 못했을 것이다. 이끼들(특히 우산이끼)은 기본적으로 습기를 좋아하는 식물로 여겨지기 때문이다. 이끼류는 가장 먼저 육상으로 올라온 식물들 중 하나지만, 워낙 가늘고 섬세한 구조 때문에 체내에 수분을 보존하거나 다른 방식으로 자신을 보호할 방법이 없었다(그렇게 여겨졌다). 하지만 이들도 건생 양치류 못지않게 건조한 기후를 잘 견뎌낼 수 있음이 분명하다. 그렇다면 개화식물들도 이런 '원시식물들'처럼 가사상태를 잘 견뎌낼 수 있는지 궁금하다. 존에게 꼭 물어봐야겠다.

폭포에서 돌아오는 길에 다시 JD와 대화를 나눈다. 그는 멕시코 피스타치오인 피스타키아 베라*Pistacia vera*를 보았다며 잔뜩 들떠 있다. 이 식물은 중앙아시아가 원산지이며, 역시 그가 좋아하는 옻나무과에 속한다고 한다. "정말 굉장해요. 그동안 옻나무과 식물을 하나도 못 봤는데,

오늘만 두 개나 보다니!" 그가 혼자 중얼거린다.

이 두 식물을 발견하는 와중에도(이 둘만이 아니라 워터리프Waterleaf과에 속하는 아름다운 푸른색의 위간디아*Wigandia* 등 다른 식물들도 많이 찾아냈다) JD는 끊임없이 다양한 새들을 찾아내서 쫓아다니는 데 거의 초자연적인 솜씨를 발휘한다. 심지어 수백 미터나 떨어진 곳에 있는 자그마한 벌새도 곧잘 찾아낸다. 내 눈에는 매나 독수리보다 작은 새는 아예 보이지 않는데 말이다.

버스가 오악사카로 향하는 동안 나는 한가로이 창밖을 바라본다. 용설란밭에서 검은 숄을 걸친 할머니들이 돌아다니며 일하고 있다. 초가집들은 벌집 모양이다. 개중에 큰 집들의 지붕은 옥수숫대를 섞어서 튼튼하게 보강되어 있다. 이렇게 하면 단열기능이 훨씬 나아진다고 한다. 옥수수밭에 위성접시가 솟아 있는 것이 보인다. 초현실적인 21세기의 물건이 수천 년 전부터 내려오는 방법을 이용해서 천연재료로 만든 지붕과 나란히 서 있는 것이다. 나는 이 풍경을 사진으로 찍으려 하지만 버스 속도가 너무 빨라서 실패하고는 대신 수첩에 작은 스케치를 그려본다.

우리는 오후 중반에 호텔에 도착한다. 발견한 식물들을 서로에게 보여주며 이야기하고 싶은 마음이 가득하다. 뉴욕에서 토요일에 열리는 미국양치류연구회 모임에서도 가끔 그런 시간을 마련할 때가 있지만, 여기서는 우리가 찾아낸 식물이 워낙 많기 때문에 그것을 다 이야기하려면 몇 시간이나 걸릴 것이다.

어제 채집해 온, 바싹 말라서 죽은 것처럼 보이는 양치류들 중 일부를 밤새 물에 담가둔 결과도 볼 수 있다. 아스트롤레피스, 노톨라에나*Notholaena*, 체일란테스, 그리고 물론 부활고사리까지 모두 통통하게 물을 머금어서 구부러졌던 것이 펴지고 초록색으로 변한 것이 기적 같다.

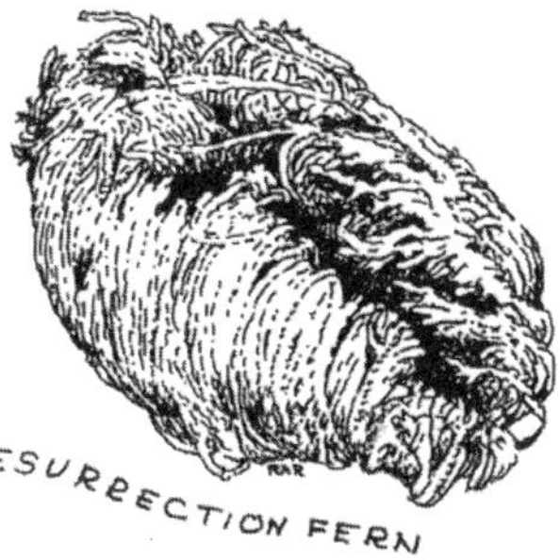

로빈은 모종의 설명을 위해 뉴욕에서부

부활고사리 셀라기넬라 레피도필라.
마른 이파리(위)와 물을 머금었을 때(아래)

터 나무고사리 줄기 일부를 가져왔다. 그리고 이곳에서 우리는 시장을 비롯한 여러 곳에서 나무고사리의 줄기를 보았다. 나무고사리 줄기는 멕시코 전역에서 난을 담는 그릇으로 널리 팔리고 있으며, 멕시코와 미국의 전문적인 난 재배가들이 이 줄기를 수없이 사용하고 있다. 하지만 이렇게 줄기를 이용하려면 당연히 식물 자체를 파괴해야 하기 때문에 멕시코의 나무고사리는 현재 멸종 위기에 처해 있다. 로빈이 가져온 나무고사리 줄기의 단면은 매우 아름답다. 예닐곱 개의 관다발이 줄기를 타고 뻗어 있는데, 그 주위를 둘러싼 하얀 속과 외피가 관다발의 검은 막들과 극적인 대조를 이룬다.

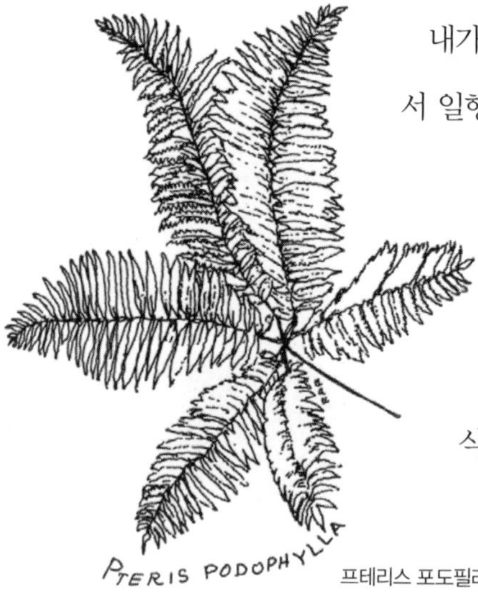

내가 어제 참가하지 않은 대서양 연안 탐방에서 일행이 가져온 보물들도 많다. 어제저녁 로빈이 길에서 열여섯 시간을 보낸 탓에 녹초가 되었지만 들뜬 모습으로 내 방에 잠시 들러 프테리스 포도필라의 아름답고 거대한 이파리와 솔잎란속의 식물을 보여주었다. 그는 이 식물이 나무고사리에서 자라는 것을 보았다고 말했다. 양치류에 더부살이를 하

PTERIS PODOPHYLLA

프테리스 포도필라

는 양치류인 것이다. 그 표본들과 그 밖의 많은 표본들이 이제 탁자 위에 조심스레 놓여 있다.

존 미켈은 엘라포글로숨속의 희귀종에서 채취한 이파리를 우리에게 보여준다. 이것을 채취하려고 목숨을 걸고 나뭇가지 위를 기었다고 한다. 나뭇가지가 그의 몸무게를 이기지 못하고 금이 가는 바람에 하마터면 그가 바닥으로 떨어질 뻔했다. 존 같은 열성분자들은 양치류를 위해 팔다리가 부러지거나 목숨을 잃는 위험을 무릅쓰는 것쯤은 아무것도 아니라고 생각하며, 놀라울 정도로 몸이 민첩하다. 60대 중반인 존도 소년처럼 개울을 건너뛰고, 절벽과 나무를 기어오를 수 있다. 존보다 열 살이나 많은 사람도 몇 명 포함되어 있는 우리 일행 거의 모두가 존과 똑같다.

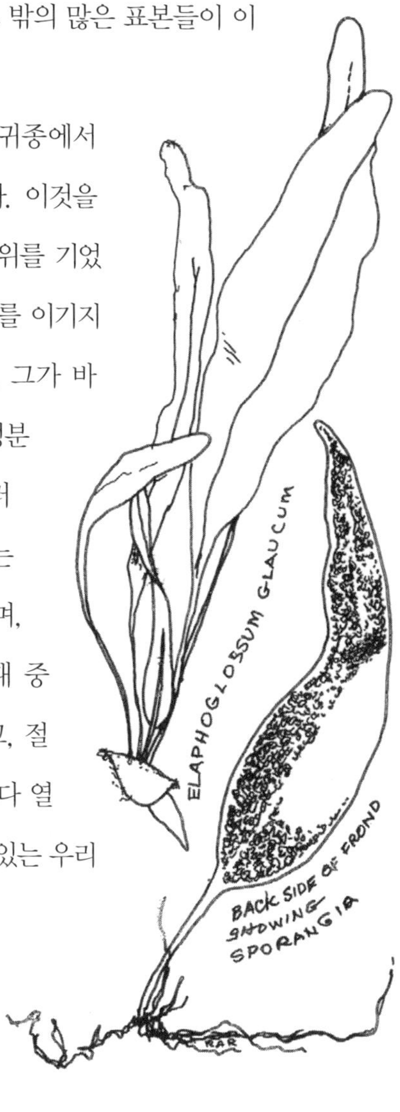

엘라포글로숨 글라우쿰*Elaphoglossum glaucum*,
포자낭이 보이는 이파리 뒷면(아래)

지금까지 한번도 기록된 적이 없는 종을 포함해서, 백두산고사리삼속의 여러 종들도 보인다. 이것을 발견했을 때 나도 그 자리에 있었어야 하는 건데! 새로운 종을 발견하는 것은 현장 식물학자의 삶에서 최고의 순간이다. 화학자가 새로운 원소를 발견하는 것과 거의 맞먹는다. 만약 처음 발견된 이 백두산고사리삼속 식물이 단순한 변종이 아니라 새로운 종이라면, 허브 와그너의 이름을 따서 이름이 지어질지도 모른다. 와그너는 존과 로빈의 스승이며, 미국양치류연구회의 회원으로 오랫동안 많은 사랑을 받다가 이달 초에 세상을 떠났다. 그가 아니라면 우리가 사랑하는 에스 윌리엄스의 이름이 들어가게 될지도 모르겠다.

에스 윌리엄스도 나뿐만 아니라 우리 모두의 마음속에 자리하고 있는 인물이다. 그녀 역시 우리가 떠나오기 겨우 며칠 전에 아흔다섯 살의 나이로 세상을 떠났기 때문에 우리 모두 상실감을 느끼고 있다. 그녀가 없는 양치류연구회의 모임은 결코 예전 같지 않을 것이다. 에스는 남편 빅과 더불어 양치류연구회 뉴욕지부의 첫 모임에 참석했고, 1975년에는 지부장이 되었다. 그리고 매번 빠짐없이 모임에 참석해서 자신이 온실에서 포자로 직접 키운 작은 양치류들을 보여주곤 했다. 아름다울 뿐만 아니라 때로는 희귀종도 섞여 있는 그 양치류들을 그녀는 겨우 1~2달러만 받고 회원들에게 팔았다. 내가 만난 사람 중에 에스만큼 식물을 잘 키우는 사람은 없었다. 에스는 소독한 토탄 덩어리에 포자를 심은 뒤 싹이 날 때까지 가습실에 보관했다가 그 자그마한 발아체를 작은 화분에 옮겨 심었다. 그녀는 아무도 싹을 틔우지 못한 곳에서 포자에 싹을 틔울 수 있었고, 우리 모임에 와서 명목상의 소액만 받고 양치류를 나눠주는 것 외에 지난 25년 동안 뉴욕식물원에서 포자로 기르는 모든 양치류를 혼자서 책임지고 있었다. 나중에는 다섯 명의 헌신적인 자원봉사자로 이루어진 '포자단'이 그녀를 도왔다.

젊은 시절에 등산을 무척 좋아했던 에스는 아흔 살부터 지팡이를 짚기 시작했지만, 마지막 순간까지 정정하고 활동적이었으며 건조하고 매력적인 유머와 또렷하고 맑은 정신을 유지했다. 에스는 회원들 모두의 이름을 알고 있었고, 우리 모두에게 이상적인 숙모님 같은 분으로 매번 모임에서 조용한 중심축 역할을 했다. 1950년대에 결혼한 에스와 빅은 모두 열성적인 현장 식물학자였다. 1991년에 페루에서 (에스가 특히 좋아하던) 엘라포글로숨속의 신종이 발견되었을 때, 존은 에스와 빅 두 사람을 모두 기리는 뜻에서 그 식물의 이름을 엘라포글로숨 윌리암시오룸*Elapoglossum williamsiorum*으로 지었다.

우리 일행 중 또다른 사람이 오악사카의 강우림에서 찾아낸 처녀이끼과의 양치류를 우리에게 보여준다. 저 섬세한 식물을 봤으면 에스가 무척 좋아했겠다는 생각이 저절로 떠오르는 것을 어쩔 수 없다. 두께가 겨우 세포 하나 정도인 이 양치류는 항상 거의 100퍼센트의 습도가 유지되는 곳에서만 자라기 때문에 강우림이 아니면 어디서도 살 수 없다(폰페이[서태평양에 있는 섬—옮긴이])와 괌에서도 이런 양치류를 본 적이 있다). 오악사카의 강우림에는 레이스처럼 투명하고 무한히 섬세하며 사랑스러운 이 히메노필룸*Hymenophyllum*속의 양치류가 적어도 10종 살고 있다.

'다족多足' 양치류인 미역고사리속의 다양한 식물들(마르텐시*martensii*, 플레베이움*plebeium*, 론게피눌라툼*longepinnulatum*)도 채집되었지만, 존은 이곳에서 잘 찾아보면 이 속의 양치류를 50종 이상 찾아낼 수 있다고 말한다. 우리 목록에 적혀 있는 것은 겨우 19종이다.

딕 라우는 우리에게 자신이 그리고 있는 아름다운 양치류 그림을 보여준다. 사방 10여 센티미터 크기가 되게 지그재그로 접은 종이에 30점이 넘는 그림이 그려져 있다. 나는 특히 부활고사리 그림과 내가 전날 빠졌던 여행의 극적인 장면들을 그린 그림에 홀린 듯이 빠져든다. 존 미켈이 엘라포글로숨을 채취하려고 목숨을 걸고 높은 나뭇가지에 올라가 한껏 손을 뻗은 모습이 거기에 그려져 있다.

스코트와 캐럴은 이 지역의 과일과 채소 등 다양한 음식재료 표본을 준비했다. 부풀어 오른 진드기처럼 보이는 아주까리, 즉 대극과大戟科에 속하는 리키누스 코무니스[*Ricinus communis*, 피마자]의 씨앗도 있다. 스코트와 캐럴의 설명에 따르면, 아주까리의 원산지는 아프리카지만 지금은 멕시코에서도 대량으로 재배되고 있다. 여기서 짜낸 기름이 엔진 윤활유(경주용 차에도 쓰이는 캐스트롤Castrol도 포함), 페인트와 니스를 빨리 마르게 하는 기름, 천의 방수 코팅제, 나일론 원료, 램프 기름 등 쓰이는 곳이 많기 때문이다. 물론 가벼운 하제로 쓰이는 것은 말할 필요도 없다(어렸을 때 가끔 억지로 피마자기름을 삼켜야 했던 기억이 난다). 하지만 이렇게 기름은 유용하게 쓰여도, 씨앗 자체는 코브라 독이나 시안화수소보다 수천 배나 독성이 강한 리신을 함유하고 있다. 이런 사실들이 과거의 기억을 불러일으키는 바람에 우리 모두 1978년에 런던 거리에서 의문의 죽음을 맞은 불가리아의 반체제 언론인 게오르기 마르코프Georgi Markov에 관한 생각에 잠긴다. 마르코프는 버스정류장에서 날카로운 우산 꼭지에 다리를 찔린 지 사흘 만에 몹시 고통스러운 죽음을 맞았다. 런던 경찰청은 나중에 그가 우산에 찔린 사건이 결코 우연한 일이 아니라는 결론을 내렸다. 그가 우산에 찔리는 순간, 소량의 리신이 그의 체내로 침투했다는 것이다.

스코트는 원래 식물분류학자이고 캐럴은 식물사진가이지만, 두 사람 모두 식물의 경제적 이용과 자연사에 대해 박식하다. 두 사람이 서로의 열정과 관심 분야를 보완해나가는 것이 보기 좋다. 나는 이렇게 식물을 좋아하며 사생활과 일에서 모두 파트너로 활동하고 있는 이 커플들에게 특별한 호감을 느끼고 있다. 내가 보기에는 우리 부모님 같은 의사 부부들보다 이 커플들 쪽이 훨씬 더 낭만적이다. 이 사람들이 어떻게 만났는지, 식물학에 대한 공통의 열정이 언제 서로에 대한 열정으로 바뀌었는지 궁금하다는 생각이 저절로 머리에 떠오른다. 특히 바바라 조와 타카시 호시자키의 모습이 아주 감동적이다. 아마도 70대인 듯싶은 두 사람은 식물에 대한 열정이 떼려야 뗄 수 없는 일부분으로 자리 잡은 결혼생활을 반세기 넘게 이어오고 있다. 캘리포니아에서 태어난 일본계 미국인인 타카시는 제2차 세계대전 중에 자신의 가족과 이웃들이 수용소에 강제로 억류되었던 이야기를 해준다. 그와 마찬가지로 캘리포니아 태생인 바바라 조는 중국계 미국인이다. 두 사람 세대에 이렇게 타민족 사람과 결혼하는 것은 매우 드문 일이었다. 두 사람은 학창 시절에 로스앤젤레스에서 처음 만났으며, 결혼한 뒤에는 타카시가 바바라 조를 위해 양치류를 기를 수 있는 집을 설계해주었다. 그래서 바바라는 지금도 집 안 어디에서든 양치류가 무성하게 자라는 풍경을 볼 수 있으며, 섬세하게 환경을 조절해주어야 하는 녀석들을 위한 온실도 집에 갖추고 있다. 두 사람 모두 가장 관심을 쏟고 있는 것은 양치류지만, 바바라 조는 무엇보다도 양치류의 특징 파악과 분류, 분류학적 관계에 마음이 끌린다. 그녀는 미국양치류연구회의 전국 회장이며, 백과사전적인 지식이 담겨 있는 아름다운 책 《양치류 재배자 안내서Fern Grower's Manual》의 저자이다(지금은 로빈과 함께 이 책의 증보판을 준비하고 있다). 타카시는 식물의 생리학에 더 관심을 갖고 있지만, 그 외에 뜻밖의 관심사 또한 지니고 있다. 패서디나의 제트추진연구소에서 오랫동안 일했을 뿐만 아니라, 비행 메커니즘 전문가이기도 하다. 모델 제작과 시뮬레이션 분야의 천재인 그는 인공 독수리를 제작해서 로스앤젤레스 일대에서 한참 동안 비행을 시킨 적도 있다. 이 독수리가 어찌나 진짜 같았는지, 거대 독수리가 나타났다며 사람들이 어리둥절해할 정도였다. 타카시와 바바라 부부는 내게 로스앤젤레스의 자기들 집에 한번 찾아오라고 조른다. 집 주위에 만들어놓은 마법의 양치류 정원을 보여주겠다는 것이다.

나는 또한 우리 일행 중에 레즈비언 커플 두 쌍, 게이 커플 한 쌍이 있음을 알아차린다(알아차리는 것이 조금 늦었다). 마치 결혼한 부부처럼 오래도록 안정적이고 단단한 관계를 유지하며 식물학에 대한 사랑을 서로 나누고 있는 사람들이다. 여기서는 이성애자, 레즈비언, 게이 커플들이 모두 편안하게 서로 어울린다. 서로에게 혹시 품고 있을지도 모르는 반감, 거부감, 의심, 소외감 등은 식물학에 대한 열정과 일행으로서 느끼는 일체감 속에서 완전히 극복되었다.

일행 중에 독신은 아마 나뿐이지 싶은데, 나는 평생 독신이었다. 하지만 여기서는 그것 역시 전혀 문제가 되지 않는다. 내가 이 그룹의 일부라는 소속감과 공동체에 대한 애정이 강하게 느껴진다. 내가 살면서 이런 감정을 느끼는 건 아주 드문 일이기 때문에, 어제 느꼈던 기묘한 감정, 딱히 진단을 내리기가 힘들어서 처음에는 이곳의 고도 탓으로 돌렸던 그 이상한 '증상'의 일부도 이런 감정 탓인지 모른다. 이제야 갑자기 깨달은 사실이지만, 어제의 그 기묘한 감정은 기쁨이었다. 그런데 그런 감정이 내게는 워낙 이례적인 것이라서 금방 알아차리지 못한 것이다. 내가 기쁨을 느낀 원인으로 짐작이 가는 것은 많다. 식물들, 유적, 오악사카 사람들…. 하지만 이 다정한 공동체의 일원이라는 소속감이 원인 중 하나라는 사실만은 분명하다.

7. Thursday

오늘은 차가 계곡을 지나는 동안 이곳의 식물들을 더 주의 깊게 살펴본다. 꼿꼿하고 빽빽하게 서 있는 기둥선인장과 백년초, 즉 노팔nopal 선인장 등이 보인다. 이 선인장들은 이곳 문화에 없어서는 안 되는 일부를 차지하고 있다. 노팔 선인장의 이파리는 얇게 저며서 요리로 만들어 먹고(나도 여기서 거의 끼니마다 이것을 먹고 있다), 딸기와 비슷한 열매로는 아주 달콤하고 맛있는 젤리나 잼을 만들어 먹는다. 고대의 그림문자에도 선인장 그림이 가득하다. 예를 들어, 노팔 선인장 꼭대기에 앉아 뱀을 먹고 있는 독수리 그림은 아즈텍 문화에서 신들이 1325년에 이곳에 도착해 정착할 장소를 찾았음을 알려주는 신호로 해석되었다. 우리도 며칠 전 야굴 근처의 절벽에 거대하게 그려진 이 그림을 본 적이 있다. 루이스는 스페인인들이 등장하기 전에는 뱀이 땅의 상징, 신성한 상징이었다고 말한다(루이스는 마치 과거를 회상하는 것 같은 분위기다. 가끔 그는 자기 민족의 역사 전체를 자신 안에 담고 있는 것처럼 보일 때가 있다). 지상의 계절이 바뀔 때 뱀들도 탈피를 하기 때문이다. 하지만 기독교 전통이 들어오면서 뱀은 사악한 유혹자가 되었다. 스페인인들이 등장한 뒤 사람들은 한때 숭배의 대상이었던 뱀들을 일부러 찾아내서 죽이곤 했다.

삐죽삐죽한 모양의 용설란과 유카yucca도 보인다. 아카시아도 아주 많다. 존 미켈은 우리에게 아카시아를 함부로 대하면 안 된다고 주의를 준다. 개미들이 종종 아카시아에 집을 짓고 공생하는 경우가 있는데, 누구든 그 집에 손을 대면 개미들이 맹렬한 공격을 가한다는 것이다. 이파리가 창 모양인 키 큰 풀도 있다. 학명이 아룬도 도낙스*Arundo donax*인 이 풀 가운데는 키가 2미터를 훌쩍 넘는 것도 있다. 이 풀은 초가지붕을 엮는 데 쓰인다. 카펫이나 깔개를 짜는 데 쓰일 수도 있다. 위험하고 나쁜 여자 같은 쐐기풀 말라 무헤르도 보인다. 크니도스콜루스*Cnidoscolus* 속에 속하는 이 식물은 독을 품은 털로 뒤덮여 있어서 대극과 식물 중에서도 악몽 같은 존재다. 장난을 좋아하는 사람들이 이 식물을 어떻게 쓰는지 비행기에서 옆자리 승객에게 들었지만, 존은 실수로 이 식물에 살짝 스치는 것조차 주의해야 한다고 엄숙하게 경고한다.

라임나무, 석류나무, 기둥선인장 산울타리. 대부분의 집들이 염소, 당나귀, 옥수수, 용설란, 백년초를 조금씩 기르고 있다. 대부분? 아니, 몇 집 안 되는 것 같다. 루이스는 미국에서 자동차의 가치보다 이곳에서 당나귀의 가치가 (상대적으로) 더 높을 것이라고 말한다. 어디를 보든 가난의 흔적이 눈에 들어온다.

루이스는 거리의 쓰레기, 산에 방치된 오물이 식민주의의 도덕적 잔해라고 말한다. 이곳의 거리, 도시, 땅이 이제는 자신들의 것이 아니라고 보는 이곳 사람들의 심리가 반영되어 있다는 것이다. 그리고 그는 국가가 덩치만 크고 비효율적인 부패 집단이라고 말한다. 경찰은 월급이 워낙 쥐꼬리만 해서 빨간 신호 위반을 눈감아주는 대가로 50페소나 100페소를 받는 게 자연스럽다. 그들의 일당과 같거나 오히려 더 많은 액수이기 때문이다. 경찰은 마약조직하고도 한통속이 되어 있다. 루이스는 사람들이 범죄자 못지않게 경찰도 무서워한다고 말한다.

차는 점점 더 높이 올라간다. 계곡에 야자수와 용설란밭이 가득하다.

미틀라 근처의 계곡을 지날 때 루이스가 이곳에 비교적 순수한 혈통의 인디언들이 사는 작은 마을 몇 개가 있다고 말한다. 진정한 순혈 인디언은 이제 세 집단밖에 남아 있지 않다. 치아파스의 강우림에 하나,

오악사카의 운무림에 하나, 멕시코 북부에 하나. 이 마을들로 통하는 도로는 없다. 이 마을들은 하루나 이틀 정도 산길을 걸어야 하는 외진 곳에 있다. 그들의 조상은 스페인 정복 시기에 도망쳐서 고립을 택한 덕분에 간신히 살아남았다. 이곳에서 그들은 적어도 인간으로서의 존엄성과 자율을 유지할 수 있었다. 만약 오악사카에 남아 있었다면 노예가 되었을 것이다.

루이스의 이야기는 계속 이어진다. 스페인 정복자들이 나타난 지 50년도 채 안 되어서 원주민 인구는 엄청나게 줄어들었다. 질병, 살해, 혼란…. 노예가 되느니 죽는 편이 낫다며 종족 전체가 자살하기도 했다. 남은 사람들은 대부분 스페인인과 결혼했기 때문에 오늘날 멕시코인들은 거의 모두 메스티소(스페인인과 북미 원주민 사이의 혼혈인을 가리키는 말—옮긴이)다. 하지만 식민지 지배자들은 이 메스티소들의 존재를 법적으로 인정하지 않았다. 그들에게는 아무 권리도 없었으며, 자식에게 재산을 상속해줄 수도 없었다. 대신 국가가 그들의 재산을 환수해갔다.

스페인 통치하에서 사람들의 삶이 점점 참을 수 없을 만큼 힘들어지자 반란과 혁명이 불가피한 분위기가 형성되었다. 그리고 마침내 1810년 9월 16일에 반란이 시작되었고, 멕시코는 지금도 이날을 독립기념일로 정해 매년 기리고 있다. 루이스는 혁명의 불씨를 던진 것이 가톨릭 신부였다고 말한다. 그 신부는 "과달루페의 성모(1531년에 멕시코 과달루페에 나타난 성모. 원주민들과 똑같이 갈색 피부를 하고 있었다고 한다—옮긴이) 만세! 나쁜 정부에 죽음을! 스페인인들에게 죽음을!"이라고 외치며 교회 종을 쳐서 마을 사람들을 불러 모았다. 하지만 멕시코가 마침내 독립을 성취한 것은 그로부터 11년 뒤인 1821년이었고, 그나마도 수십 년에 걸쳐 연달아 무능한 지도자들의 지배를 받는 혼란으로 이어졌다. 그리고 그동안 멕시코는 영토의 절반(텍사스, 캘리포니아, 애리조나, 뉴멕시코)을 미국에게 잃었다.

그러고는 짧은 평화가 왔다. 1867년부터 1872년까지 겨우 5년 동안 베니토 후아레스의 온화한 통치를 받을 때였다. 같은 시대의 인물인 에이브러햄 링컨과 마찬가지로 후아레스는 도덕적으로 훌륭한 사람이었다. 그는 "다른 사람의 권리를 존중하는 것이 곧 평화"라는 신조를 갖고 조국의 독립뿐만 아니라 민주주의를 위해서도 싸웠다.

후아레스가 세상을 떠나고 몇 년 뒤 정권을 잡은 포르피리오 디아스는 35년 동안 멕시코를 다스린 독재자였다. 루이스는 디아스가 대단히 모호한 인물이었다고 설명한다. 장군이자 독재자이며, 무자비하고 의심이 많은 인물이었는데도 도로와 산업을 정비하고 다리와 건물을 건설했기 때문이다. 그의 통치하에서 멕시코는 점점 생산성이 높아져서 다른 현대적인 국가들과 보조를 맞출 수 있게 되었지만, 이를 위해 사람들은 무시무시한 대가를 치러야 했다. 공장과 아시엔다(라틴아메리카의 농장—옮긴이)에서 사실상의 노예노동이 이루어지고, 부패와 부정이 엄청나게 성행했다.

미틀라 마을에 들어서자 개 한 마리가 거리를 달려가는 것이 보인다. 그런데 다리 한 짝이 염소와 끈으로 묶여 있다. 멕시코 어디서나 그렇듯이 이번에도 개들이 우리를 둘러싼다. 그중 한 마리는 다리 하나가 부러졌다. 어쩌다 그렇게 되었는지, 녀석이 살아남을 수 있을지 걱정스럽다. 아이들이 손을 내밀며 지나가는 우리를 향해 "페소, 페소!"라고 외친다. 그런데 갑자기 버스가 급브레이크를 밟는다. 바로 앞에서 종교 행렬이 천천히 교회로 향하고 있기 때문이다. 나는 버스에서 내린다. 다른 사람들도 여러 명 버스에서 내려서 나와 함께 그 행렬에 합류한다. 사람들은 봉헌 양초, 꽃, 야자수 잎을 들고 있다. 개, 아기, 장애인 등이 섞인 그 행렬이 교회를 향해 천천히 움직인다. 행렬이 교회로 들어가자 교회는 크게 종을 울려 그들을 환영한다. 폭죽이 터지자 깜짝 놀란 개들이 갑자기 짖어댄다. 나도 움찔한다.

루이스는 독실한 가톨릭 신자지만, 이 행렬에 대해 어두운 표정으로 중얼거린다. "겉만 번지르르한 행사로 민중의 마음을 흐트러뜨리려는 수작이에요." 그는 이 나라의 교회가 용기도 힘도 없다고 생각한다. 이런 행사로 사람들을 얌전하게 만들면서 부패한 정부를 수동적으로 지원한다는 것이다. "난 가톨릭이지만 그렇게 생각해요." 루이스가 결론짓듯이 말한다. "종교를 믿는 마음은 여전해도, 이 나라의 교회를 보면 가슴이 아프고 화가 나요."

곧바로 우리의 시선을 사로잡은 것은 미틀라의 유적이 아니라 유적 바깥쪽에 쌓여 있는 기둥선인장 줄기들이다. 사람들은 흔히 기둥선인장을 뽑아 그 줄기로 울타리를 만드는데, 이렇게 다시 "땅에 심긴" 줄기는 때로 뿌리를 내리고 번성하기도 한다. (뉴질랜드에서 나무고사리 줄기가 이런 식으로 울타리로 쓰이던 것이 떠오른다. 그곳의 나무고사리도 나중에 이파리들이 자라 나와서 무성한 산울타리가 된다.) 산울타리라는 주제를 놓고 즉석 토론회가 열린다. 미틀라의 고고학적 유적은 나중에 보아도 된다.

식물들이 자라는 건물에 대해 실컷 토론한 뒤에야 우리는 눈을 들어 눈앞의 교회를 바라본다. 스페인인들이 원래 이 자리에 있던 건물을 부수고 거기서 나온 석재를 이용해서 지은 교회다. 미틀라는 스페인인들이 왔을 때 아직 활발히 움직이던 도시였다고 루이스가 말한다. 정복자들은 도시를 완전히 파괴한 뒤 원래 도시의 토대 위에 상징적으로 자기들의 교회를 세우곤 했다. 미틀라는 그래도 완전히 파괴되지 않았지만, 옛날 건물들의 잔해를 이용해서 그 건물들의 토대 위에 새로운 미틀라가 건설되었다. 그리고 후세인들도 자기들의 과거를 착취하고 잡아먹는 짓을 계속했다.

하지만 야굴이 대부분 파괴되어 평면도 같은 흔적과 반쯤 허물어진 나지막한 구조물들만 남아 있는 데 비해서 여기 미틀라에는 온전한 궁전 유적이 아직 남아 있다. 궁전까지 이어진, 계단 한 단의 높이가 거의 1미터나 되는 거대한 계단도 그대로 있을 정도다. 수십 개의 방들이 서로 연결되어 있는 이 궁전은 고고학자들에게 처음으로 그 미로 같은 모습을 드러냈을 때 믿을 수 없을 만큼 찬란한 모습이었을 것이다.

궁전의 벽들은 어도비adobe 벽돌로 되어 있다. 찰흙에 옥수숫대와 동물의 배설물을 섞어 발효시킨 벽돌이다. 여기에 박아 넣은 원뿔형 돌들은 독자적으로 따로 움직일 수 있어서 지진의 충격을 흡수하고 탄력적으로 분산시키는 역할을 했다. 나는 여기에 매료되어 수첩에 그림을 그려 넣는다. 수천 년 전에 힘을 강화하고 충격에 저항할 수 있는 이런 합성물이 만들어지다니. 우리 일행은 특이하고 놀라운 것을 보면 결코 그냥 지나치는 법이 없으므로, 자연 속의 합성물들에 대해 즉시 활기찬 토론을 시작한다. 현미경 차원에서 두 개의 물질, 예를 들어 결정체와 비결정 또는 섬유질이 한데 섞여서 더 단단하고 강하면서도 더 탄력적인 합성물이 만들어지는 현상이 우리의 토론 주제다. 자연은 온갖 종류의 생물학적 구조에 합성물들을 이용하고 있다. 말발굽, 전복, 뼈, 식물의 세포벽 등이 좋은 예다. 우리도 콘크리트, 새로운 합성세라믹, 강화플라스틱 등을 만들 때 같은 원리를 이용한다. 사포텍족은 그 원리를 이용해서 어도비 벽돌을 만들었다.

궁전 문 위의 거대한 돌 가로대는 무게가 적어도 15톤이나 나간다. 이 지역에서 채취한 돌이기는 하지만, 여기까지 어떻게 운반했을까? 그때는 가축도 없었고, 바퀴도 사용되지 않았다(묘하게도 바퀴는 장난감으로만 사용되었다). 아마 당시 사람들은 이집트인들이 피라미드를 지을 때 그랬던 것처럼 롤러를 이용했을 것이다. 하지만 사포텍 인디언들은 돌을 어떻게 이처럼 섬세하게 가공할 수 있었을까? 철도 청동도 제련기술도 없는 그들에게는 이 지역에 원래부터 존재하던 금속인 금, 은, 구리밖에 없었다. 모두 돌을 자르기에는 너무 무른 금속이다. 하지만 중앙아메리카인들에게는 금속과 맞먹는 훌륭한 물질인 화산유리, 즉 흑요석이 있었다. 그들이 수술할 때 사용한 칼도 아마 흑요석 칼이었을 것이다. 아즈텍인들은 인간을 제물로 바치는 섬뜩한 의식에도 흑요석 칼을 사용했다. 나는 나가는 길에 무섭고 날카롭게 생긴 흑요석 조각을 하나 산다. 날카로운 부분은 거의 투명하게 보일 만큼 얇은 이 검은색 조각에는 유리 특유의 패각상 단구(조개껍질 모양으로 깨진 것—옮긴이)가 있다.

궁전의 방들 사이를 잇는 문간은 나지막하다(지지대로 끼워넣은 강철 버팀쇠 때문에 더 낮아졌다). 하지만 천장에는 복잡하고 기하학적인 훌륭한 그림들이 그려져 있다. 나는 그중 일부를 수첩에 베껴 그린다. 쪽매맞춤, 그리고 편두통을 겪을 때 간혹 나타나는 '요새' 무늬와 비슷한 성벽 그림, 복잡한 육각형과 오각형 무늬. 나바호 인디언들의 융단이나 무어족의 아라베스크 무늬가 생각난다. 대개 일행 중에 조용한 편에 속하는 나는(이렇게 박식한 사람들 사이에서 내가 뭐라고 감히 입을 열겠는가?) 주위에 가득한 기하학적 그림들에 자극을 받아 신경학적인 기하학무늬form-constant, 즉 환각증세를 겪을 때 보이는 벌집, 거미집, 격자, 나선, 깔때기 무늬 같은 기하학적인 형태들에 대해 이야기한다. 이런 형태들은 편두통을 앓을 때만이 아니라 굶주렸을 때, 감각이 박탈되었을 때, 약물에 취했을 때에도 보일 수 있다. 예전에 이곳 사람들은 실로시빈 버섯을 이용해서 그런 환각을 보았을까? 아니면 오악사카에 흔한 나팔꽃 씨앗을 이용했을까? 사람들은 갑작스러운 나의 수다에 깜짝 놀라지만, 환각 때

보편적으로 나타나는 신경학적 기하학무늬가 수많은 문화에서 기하학무늬가 나타난 신경학적 기초일 수도 있다는 이야기에 흥미를 보인다.

하지만 언제나 그렇듯이, 우리에게도 한계가 찾아온다. 20분 동안 방들을 돌아다니며 콜럼버스 이전 시대의 예술과 건축에 감탄하던 우리는 이제 빨리 밖으로 나가서 우리에게 정말로 중요한 것, 식물을 보고 싶어 안달한다. 사실 전문가들, 그러니까 카메라와 수첩을 지참한 스코트와 밝은 색 멜빵바지를 입고 제3의 눈인 휴대용 렌즈를 가져온 데이비드 에머리는 아예 궁전에 들어와보지도 않고 밖에서 식물을 연구하는 데 헌신하고 있다. 스코트가 또 야생 니코틴을 가리킨다. 이곳의 토착식물이 아니라 아프리카에서 온 것(트리촐라에나 로세아*Tricholaena rosea*)이다. 명아주, 섬세한 노란색의 멕시코 양귀비도 있다. 거대한 기생말벌도 있다. 로빈이 별 모양의 작은 노란 꽃을 가리킨다. 남가새과에 속하는 이 식물의 열매는 네 귀퉁이가 뾰족뾰족한 모습으로 마름쇠를 닮았다. 로빈은 네 개의 뾰족한 귀퉁이 중 하나가 항상 위로 삐죽 올라와 있어서 지나가는 동물의 발바닥을 뚫어 달라붙는 식으로(중세 무기를 닮았다) 다른 곳으로 옮겨진다고 내게 설명해준다. 나는 '마름쇠caltrops'라는 단어가 아직도 사용되는 것에 기쁨을 느낀다. 나는 이 단어를 꽤 좋아하는데, 내가 좋아하는 화석 양서류 카콥스*Cacops*나 에리옵스*Eryops*처럼 's'로 끝나는 독특한 명사라는 점이 그 이유 중 하나다.

우리는 버스로 돌아온다. 한낮이라 날씨가 무척 더워졌다. 버스를 타고 가는 동안 소년 두 명이 나무 그늘에서 자전거를 옆에 두고 이야기를 나누는 모습이 눈에 들어온다. 카메라로 손을 뻗지만 이미 너무 늦어버렸다. 예쁜 사진을 찍을 수 있었을 텐데.

이제 우리는 미틀라에서 마타틀란Matatlán까지 왔다. 이 마을 사람들은 집집마다 뒷마당에서 메스칼 술을 만든다. 중앙아메리카에서 용설란은 폴리네시아의 야자와 같다. 우리가 용설란을 부르는 이름인 'agave' 자체도 '감탄할 만하다'는 뜻이다. 카를로스 5세의 사절은 1519년에 용설란을 다음과 같이 격찬했다. "자연이 한 식물 안에 모여서 모든 사람에게 이토록 숭배와 매혹을 일으킨 적은 없었다." 3세기 뒤의 훔볼트도 역시 이에 못지않게 격정적인 말투로 용설란을 묘사했다. 용설란의 섬유는 밧줄과 거친 천을 만드는 데 쓰이고, 가시는 바느질에 쓰일 뿐만 아니라, 달콤하고 향기로운 속은 발효의 재료로 쓰인다. 스페인인들이 오기 전에는 이곳에 증류기술이 알려져 있지 않았기 때문에,

용설란을 갓 발효시킨 음료인 풀케pulque밖에 없었다(보관이 힘들어서 발효되면 그 즉시 마셔야 했다). 미틀라를 나선 우리는 용설란밭을 지나친다. 개중에는 물이 없어서 다른 작물이 자랄 수 없는 능선에 자리 잡은 것도 있다.

일부 용설란은 길쭉한 줄기 위에 초록색이나 크림색 꽃을 피운다. 꽃 대신 비늘줄기를 지닌 것도 있는데, 이 비늘줄기는 곧장 새로운 개체로 자랄 수 있다. 존은 생장능력이 있는 이 비늘줄기들을 2년 동안 못자리에 심어두었다가 밭으로 옮겨 심어서 8년간 키우는 방법을 이야기해준다. 추수 때가 되면 사람들은 이파리를 모두 따낸 뒤 줄기도 지면 높이까지 잘라낸다. 줄기(피냐Piña)에는 용설란 벌레가 살고 있는 경우가 많은데, 이것들은 따로 모아두었다가 특별한 별미로 메스칼 술에 담아낸다.

지난 며칠 동안 먹어본 많은 신기한 음식 중에서 특히 마음에 든 것은 메뚜기 요리다. 바삭바삭하고, 견과류 맛이 나고, 영양도 풍부한 메뚜기는 대개 양념튀김으로 먹는다.* 이 메뚜기 요리에 이미 익숙해졌기 때문에 나는 용설란 벌레도 먹어볼 준비가 되어 있다. 양조장에 갔더니 바구니에 꿈틀거리는 이 벌레들이 담겨 있는 것이 보인다. 〈스타트렉〉에서 외계인 클링온인들이 산 채로 먹는 벌레들과 조금 비슷하다.

그러고 보니 굳이 메뚜기와 벌레 수준에서 멈출 필요가 없지 않은가

하는 생각이 든다. 지구상에 살고 있는 동물 중 4분의 1은 개미다. 개미는 위협이 되기도 하지만(개미가 만들어내는 대량의 메탄이 오존층 구멍을 넓힌다), 또한 대량의 식량원이 될 수 있는 잠재력도 지니고 있다. 녀석들의 몸에서 포름산인지 뭔지를 빼내는 방법만 발견된다면, 녀석들은 굶주린 사람들의 식량이 되어줄 것이다. 사실 멕시코시티의 고급 식당에서는 개미 애벌레가 별미로 나온다고 한다.

(하지만 먹어서는 안 되는 곤충이 하나 있다. 개똥벌레다. 개똥벌레 세 마리를 먹으면 이미 죽은 목숨이나 마찬가지라고 한다. 디기탈리스digitalis와 비슷하게 작용하는 성분이 개똥벌레의 체내에 있는데, 그 성분이 워낙 강력하기 때문에 결코 허투루 보면 안 된다.)

마타틀란에만도 메스칼 술 양조장이 적어도 스무 곳이나 된다. 대부

---

* 성경의 특별한 배려 덕분에 메뚜기는 대부분의 무척추동물들과 달리 코셔(유대교 율법에 맞게 준비된 음식—옮긴이)이다. (세례 요한도 메뚜기와 야생 꿀을 먹지 않았던가.) 나는 성경의 이같은 배려가 합리적일 뿐만 아니라 필수적이기도 하다고 항상 생각했다. 고대 이스라엘 사람들의 삶은 불안정했으므로, 만나와 마찬가지로 메뚜기도 힘든 시기에 하느님이 보내준 선물이었다. 게다가 때로 메뚜기는 헤아릴 수 없을 만큼 많은 수가 무리를 지어 몰려와서 그렇지 않아도 간당간당한 작물을 싹 쓸어가버리기도 했다. 따라서 이 게걸스러운 동물들을 먹어치우는 것은 인과응보일 뿐만 아니라 영양학적으로도 옳은 일이었던 것 같다.
하지만 2년쯤 전 브라질의 판타날에 갔다가, 강가에서 사는 거대한 기니피그인 카피바라(남에게 피해를 입히지 않는 착한 초식동물)가 한때 사순절을 위해 이 동물들을 '물고기'로 간주하고 먹어도 좋다는 교황의 특별포고 때문에 거의 멸종할 뻔했다는 사실을 알고는 재미있다는 생각과 함께 분노를 느꼈다. 교황의 터무니없는 궤변이 점잖은 동물인 카피바라를 거의 멸종 지경으로 몰아넣은 것이다. (북아메리카의 비버도 같은 이유로 '물고기'로 분류되었다고 로빈이 말해주었다.)

분 자기 집 뒷마당에서 술을 빚는 소규모 양조장들이다. 용설란을 발효시킬 때 나는 진한 냄새가 마을 전체를 휘감고 있다. 이 공기만 들이마셔도 술에 취할 것 같다. 우리는 중앙로에 화려한 색깔의 차양을 내건 양조장을 방문한다. 앞마당 구덩이에 흙과 마대자루에 덮인 피냐, 즉 용설란 줄기가 있다. 이곳에 불을 피워 사흘 동안 피냐를 익힌다고 한다. 그러면 전분이 당분으로 변해서 맛이 좋아진다. 특히 아이들이 사탕수수처럼 즐겨 먹는다. 다 익힌 줄기는 노새가 끄는 커다란 맷돌로 갈아서 큰 통에 넣고 발효시킨다. 이산화탄소가 부글부글 올라오면서 통 속의 내용물이 알코올로 변한다. 이렇게 거품이 부글거리는 것을 커다란 구리통에 넣고 세 시간 동안 끓이면 증류액이 아래쪽의 통에 모인다. 우리가 찾아온 이 양조장은 '순수 메스칼'(알코올 함량이 거의 50퍼센트로 도수가 49도)과 익히지 않은 닭가슴살의 맛을 가미한 페추가pechuga를 생산한다. 페추가는 맛이 훨씬 더 섬세해서 대단히 높은 평가를 받고 있다지만, 닭가슴살 생고기를 술에 섞는다고 생각하니 조금 거슬린다. 예를 들어 생선 냄새를 가미한 진을 상상할 때의 기분과 같다. 그 밖에도 서양자두, 파인애플, 서양배, 망고 등의 향을 가미한 술도 있다. 우리는 이 모든 술을 마음껏 시음한다. 그런데 모두들 빈속이라서 그 효과가 즉각 강렬하게 나타난다. 갑자기 묘하게 기분이 들뜬 우리는 서로를 향해 싱글거리고, 아무것도 아닌 일에 웃음을 터뜨린다. 이렇게 벌건 대낮에 이곳에서 두 시간 동안 술을 마시며 시간을 보낸다(웃기지도 않는 자질구레한 기념품들도 산다). 다소 금욕적이고 오로지 지적인 일에만 관심을 쏟는 우리 일행이 이렇게 긴장을 풀고 키득거리면서 멍청한 짓을 하는 것은 처음이다.

식사도 제대로 못 한 채 술기운이 올라 비틀거리면서 우리는 버스를 타고 라 에스콘디다로 향한다. 유명한 식당인 이곳에는 100여 종의 음식이 나오는 엄청난 규모의 뷔페가 있다. 시각적으로 흥미를 자극하는 음식이나 초현실적인 음식들이 있지만, 우리에게 익숙한 음식은 거의 없다. 마치 다른 행성에 온 것 같다. 한 가지 요리에만 집중해야 할까? 아니면 한 여섯 종류쯤 먹어볼까? 아니면 전부 먹어봐야 하나? 나는 전부 먹어보기로 하지만, 스무 가지쯤 먹은 뒤 그것이 내 능력으로는 도저히 불가능한 일임을 깨닫는다. 여기 있는 음식을 다 먹어보려면 1주일에 한 번씩 1년 동안 와야 할 것이다. 멕시코 전역에서 오악사카의 식물들이 가장 다양하다는 것은 알고 있다. 하지만 이제 보니 음식도 가장 다양한 것 같다. 오악사카와 점점 사랑에 빠지는 것 같은 기분이 든다.

배가 빵빵해질 만큼 실컷 음식을 먹었고 술기운도 아직 반쯤 남아 있기 때문에 어디 누워서 한잠 자면 딱 좋을 것 같다. 식당 밖으로 나왔더니 정말로 승용차 운전석에 앉아서 자고 있는 남자가 보인다. 유리창에 붙은 명패를 보니 의사인 모양이다. 안색이 창백하고 너무나 움직임이 없어서 나는 걱정이 된다. 그냥 잠시 눈을 붙이고 있는 건가, 아니면 혼수상태인 건가? 혹시 죽은 건 아니겠지? 차로 다가가서 저 남자의 어깨를 두드려봐야 하나? 그랬다가 자칫하면 저 남자가 다시는 깨어날 수 없는 상태가 되어버렸음을 알게 될지도 모른다. 내가 두드리는 바람에 생명이 사라진 그의 몸이 픽 쓰러질지도 모른다. 아니면 왜 자기를 깨웠느냐며 벌컥 화를 낼 수도 있다. 그러면 나는 뭐라고 대답할까? 그냥 확인해보았다고? 당신이 죽은 게 아닌가 확인해보려고요, 하하. 이렇게 미안한 듯 어색한 웃음을 지을까? 하지만 나는 스페인어를 전혀 모르기 때문에 아무 짓도 하지 않는다. 그저 몇 분 뒤 버스가 그 자리를 떠날 때 마지막으로 그를 한참 바라볼 뿐이다. 그는 여전히 햇볕에 달궈진 자기 차의 운전석에서 꼼짝도 않고 엎어져 있다.

마타틀란은 마을 전체가 메스칼 술 양조에만 전력을 기울이고 있다. 이런 식으로 한 가지 업종에만 전문적으로 매달리는 것은 흔한 일이다.

각각의 마을이 저마다 자기들만의 전문분야에 집중하는 경제체제는 콜럼버스 이전 시대부터 이어져 온 것이다. 그래서 아라졸라Arrazola에서는 모든 주민이 목각에 종사하고, 테오티틀란 델 바예Teotitlán del Valle에서는 모든 주민이 방직업에 종사하고, 우리가 이제 막 도착한 산바르톨로 코요테펙San Bartolo Coyotepec에서는 모든 주민이 오악사카의 유명한 토산품인 검은 도자기를 만든다. 우리는 젊은 청년이 물레를 사용하지 않고 물병을 만드는 모습을 지켜본다. 콜럼버스 이전 시대의 기법이다. 그는 물병에 손잡이를 붙이더니, 가볍고 능숙한 솜씨로 물병 가장자리를 단번에 부리 모양으로 만든다. 이제 흙이 다 마르려면 3주를 기다려야 한다. 이곳에서는 도자기에 유약을 바르지 않고 석영 덩어리처럼 보이는 것으로 표면에 광을 낸 뒤 산소의 양이 제한되는 폐쇄형 가마에서 화씨 800도[섭씨 426도가량]로 굽는다. 그러면 찰흙 속에 들어 있던 금속산화물이 금속 형태로 변환되어 도자기에 눈부신 광택이 생겨난다. 이 일대의 흙에는 특히 철과 우라늄이 풍부하다. 집에 돌아가서 이 도자기들이 자석에 반응하는지 시험해보고, 가이거 측정기로 방사능도 측정해보고 싶다는 생각이 든다.

테오티틀란 델 바예에서 우리는 방직 명인, 돈 이삭 바스케스Don Isaac Vásquez의 집을 방문한다. 그가 짜는 카펫과 담요, 그리고 그가 천연염료를 사용한다는 사실은 멕시코를 넘어 다른 나라에서도 유명하다. 그는 대가족과 함께 살면서 일하고 있는데, 장인들 사이에서는 이런 경우가 보통이다. 이곳의 장인 가문들은 거의 대를 이어가며 유지되는 계급과도 같기 때문이다. 아이들은 어렸을 때부터 방직과 염색을 배운다. 생활 자체가 그런 것에 둘러싸여 있어서, 그들은 의식적으로든 무의식적으로든 한시도 쉬지 않고 그것을 빨아들인다. 그들의 기술과 정체성은 태어나는 순간부터 형성되기 시작한다. 거기에는 가족만이 아니라 온 마을의 전통도 영향을 미친다. 그들이 그 안에서 자라기 때문이다.

돈 이삭의 작업을 지켜보고, 모직에 빗질하는 작업을 하는 그의 어머니, 아내, 형제자매, 사촌, 조카, 여섯 명의 아이들도 본다. 그들 모두 뒷마당에서 일하고 있다. 방직 작업의 갖가지 공정에 매달려 완전히 열중하고 있는 그들을 보면서 나는 동경과 더불어 약간의 불안을 느낀다. 그들 모두 자신이 누구인지, 자신의 정체성이 무엇인지, 자신의 자리는 어디고 자신의 운명은 무엇인지 알고 있다. 그들은 테오티틀란 델 바예에서 가장 유서 깊고 가장 뛰어난 방직 전문가인 바스케스 집안 사람들이다. 고대의 고귀한 전통을 지금 그대로 재현하고 있는 사람들인 것이다. 그들의 삶은 태어날 때부터 거의 정해져 있다. 그들은 유용하고 창조적인 삶을 살면서 주위를 둘러싼 문화의 필수적인 일부가 될 것이다. 이곳은 그들에게 딱 맞는 장소다. 테오티틀란 델 바예의 주민들은 거의 모두 방직과 염색에 대해 깊고 상세한 지식을 갖고 있다. 그리고 그 과정에 수반되는 모든 작업, 즉 모직에 빗질하기, 실잣기, 작업에 필요한 곤충들을 그것들이 가장 좋아하는 선인장에서 기르기, 염료를 만들기에 알맞은 인디고 풀 고르기 등에 대해서도 잘 안다. 이 마을의 주민들 각자 그리고 이 마을의 가문들에게 총체적인 지식이 구현되어 있는 것이다. 다른 곳에서 '전문가'를 불러들일 필요도 없고, 이미 이 마을에 존재하는 것 외에 외부의 지식을 구할 필요도 없다. 방직 기술의 모든 과정이 바로 여기에 구현되어 있다.

더 '발전'되었다는 우리 문화와는 얼마나 다른가. 우리 문화에서는 누구도 스스로 뭔가를 만들어내는 법을 모른다. 펜이나 연필은 도대체 어떻게 만드는 것인가? 꼭 필요한 경우에 우리가 그것들을 직접 만들어 쓸 수 있는가? 이 마을 같은 곳들이 지금까지 1,000년 이상 생존해왔지만, 앞으로도 그럴 수 있을지 나는 걱정스럽다. 지나치게 전문화된 대량생산 사회에서 이들은 사라져버리지 않을까?

이 장인들의 마을에는 아주 자상하고 안정적인 분위기가 있다. 그리고 이런 마을들은 주위의 문화 속에서 탄탄하게 고정된 자리를 차지하고 있다. 세월이 흘러도 그다지 변하지 않는다. 아들이 아버지의 뒤를 잇는 식으로 수백 년 동안 발전이나 방해 없이 유지되어왔다. 이처럼 시간을 초월한 중세시대 같은 삶이 불현듯 부러워진다.

하지만 바스케스 집안의 젊은이 한 명이 뛰어난 수학적 재능을 갖고 있다면? 글을 쓰고 싶다는 충동을 느낀다면? 그림을 그리고 싶다거나 음악을 작곡하고 싶다는 충동을 느낀다면? 무조건 여기서 나가서 세상을 보고 지금까지와는 다른 일을 하고 싶다는 욕망을 느낀다면? 그러면 어떻게 될까? 어떤 갈등이 일어나고, 어떤 압박이 가해질까?

우리는 모직 빗질하기, 모직 천짜기를 지켜본다. 커다란 모직 직기들 사이에서 일하는 방직 기술자들의 모습도 지켜본다. 하지만 우리의 관심사는 그보다 염료 쪽에 쏠려 있다. 적어도 나는 그렇다. 여기서는 스페인 정복 이전 수천 년 전부터 쓰던 천연염료만 사용한다. 대부분이 식물성 염료로 매일 다른 염료가 사용된다. 하지만 오늘은 빨간 날, 즉 연지벌레에서 추출한 선홍색인 코치닐의 날이다.

스페인인들은 이 선홍색을 처음 보고 감탄을 금치 못했다. 구세계에는 이토록 강렬하고 진한 빨간색 염료가 존재하지 않았다. 이 염료는 아주 안정적이어서 쉽게 변하지 않는다. 코치닐은 금, 은과 더불어 뉴 스페인의 훌륭한 보물이 되었다. 무게로만 따지면 오히려 금보다 더 귀할 정도였다. 돈 이삭은 마른 염료 450그램을 생산하는 데 연지벌레 7만 마리가 필요하다고 말한다. 연지벌레(암컷만 사용한다)는 멕시코와 중앙아메리카 원산의 특정 선인장에서만 살기 때문에 구세계에는 그 존재가 알려져 있지 않았다. 돈 이삭의 집 밖에는 작고 단단한 흰색 고치를 형성한 벌레들이 정성 들여 뿌려진 백년초들이 있다. 비늘과 조금 비슷하게 생긴 이 고치를 칼로(때로는 손톱으로) 갈라서 열고, 그 안에 들어 있는 벌레를 꺼내 밀랍 성분을 제거한 다음 으깬다. 돈 이삭의 자식들 여러 명이 롤러로 이 작업을 하면서 마른 가루를 더욱더 곱게 부수고 있다. 이렇게 작업하다보면 가루가 자홍색이나 선홍색으로 변한다.

이 가루에는 카민산이 10퍼센트 함유되어 있다고 한다. 이 물질의 구조가 어떻게 되는지, 이것이 얼마나 쉽게 합성되는지 궁금하다. (여행에서 돌아온 뒤 자료를 찾아보았더니, 카민산은 합성하기가 꽤 쉬운 물질이었다. 하지만 이 물질을 인공적으로 합성한다면 수천 명의 멕시코인이 일자리를 잃고, 수천 년간 멕시코 역사의 일부였던 전통산업과 기술이 무너질 것이다.)

하지만 이 진한 자홍색 또는 선홍색은 스페인인들을 사로잡았던 그 눈부신 색깔과는 아직 조금 다르다. 적들에게 공포를 안겨주고, 나중에는 영국 군인들의 옷을 염색하는 데 쓰였던 그 멋진 빨간색 말이다. 그

밝은 빨간색은 연지벌레 가루에 산성을 첨가해야만 나타난다. 이곳에서는 레몬주스를 가루에 붓는 방법을 사용하고 있다. 색이 갑작스레 변하는 모습은 정말 놀랍다. 나는 이제 막 눈부시게 변한 연지벌레 가루를 손에 조금 묻혀서 핥아보고 싶은 유혹을 느낀다. 돈 이삭은 그래도 괜찮다고 말한다. 이 염료가 최고급 빨간색 잉크뿐만 아니라 빨간 음료나 립스틱에도 쓰이는 경우가 있다는 것이다. 코치닐 잉크라니! 그러고 보니 50년 전의 기억이 떠오른다. 생물학 수업시간에 표본 염색제로 코치닐을 사용했던 기억이다. 나중에는 합성색소도 일부 사용되었지만, 1940년대에는 아직 그만큼 밝은 색깔을 내는 합성색소가 없었다.*

곱게 간 가루 거의 450그램(그 값이 얼마나 될지 감히 생각할 수도 없다. 7만 마리나 되는 벌레를 키워서 선인장에 매달린 녀석들을 일일이 손으로 떼어낸 뒤 손질해서 말린 다음, 갈고 또 가는 작업에 들어가는 인간의 노력이 얼

---

* 제임스 러블록James Lovelock은 자서전《가이아에게 경의를Homage to Gaia》에서 염색 전문가의 젊은 도제로 일할 때 연지벌레로 선홍색을 만들면서 무척 들떴다는 이야기를 들려준다. 그가 언급하는 숫자들은 엄청나다. 무려 50킬로그램이나 되는 연지벌레를 팔팔 끓는 아세트산이 가득한 거대한 구리통에 국자로 퍼 넣었다는 것이다("연금술사 실험실을 그린 그림에서 본 도구들과 비슷했다"). 그러고 나서 네 시간 동안 뭉근히 끓인 뒤, 갈색과 빨간색을 섞은 것 같은 그 어두운 색의 액체에서 웃물을 따라내 백반과 암모니아를 차례로 넣어 처리했다. 암모니아를 넣으면 선홍색 염료가 침전되기 시작하는데, 그러면 그가 그것을 걸러서 세척하고 건조시켜야 했다. 그러고 나면 비로소 순수한 선홍색 가루를 얻을 수 있었다. 러블록은 이렇게 썼다. "이 순수한 빨간색이 어찌나 강렬한지 내 눈을 통해 뇌에서 색깔에 대한 감각을 통째로 끌어내는 것 같았다. 말린 벌레가 완벽한 선홍색 염료로 변신하는 과정에 참여하는 기쁨이라니! 마치 내가… 마법사의 도제인 것 같았다."

마인가)을 김이 나는 물이 담긴 커다란 항아리에 쏟은 뒤, 마당에 나무로 피운 불 위에서 가열하며 물이 피처럼 붉게 변할 때까지 젓고 또 젓는다. 마침내 원하는 색깔이 나오면 커다란 모직 실타래 여러 개를 그 안에 넣는다. 실이 염료를 충분히 흡수하는 데는 두세 시간이 걸린다. 나는 주위의 멋진 빨간색 물건들을 보며 점점 욕심이 생긴다. 혹시 내 티셔츠를 빨갛게 염색할 수 있을까? 나는 뉴욕식물원 로고가 찍힌 회색 면 티셔츠를 넘겨준다. 그러자 몇 분도 안 돼서 티셔츠가 섬세한 분홍색으로 변한다. 색이 얼마나 더 진해질 수 있는지 궁금하지만, 모직과는 달리 면은 이 염료를 잘 흡수하지 못한다고 한다. 그래도 이제 곧 내가 코치닐로 염색한, 세계에서 하나밖에 없는 티셔츠를 갖게 될 거라고 생각하니 마음이 들뜬다!

나는 피처럼 붉은 코치닐을 수첩에 문질러 얼룩을 만든다. 학창 시절 화학책에 (일부러 또는 우연히) 묻히곤 하던 갖가지 화학약품의 얼룩과 비슷하다.

8. Friday

어젯밤 하루를 마감하는 마술 같은 일이 벌어졌다. 개기월식이라는 장관. 우리 일행 중 일부는 호텔 옆으로 난 가파른 길을 걸어 산꼭대기의 전망대에 올랐다(하지만 도시의 불빛 때문에 하늘을 보기에 이상적인 전망대라고 할 수는 없을 것 같다). 우리는 각자 마음이 내키는 대로 바위와 땅바닥에 자리를 잡았다. 쌍안경이나 망원경을 가져온 사람도 몇 명 있었다(나는 망원경을 가져갔다). 메스칼 술도 몇 병 있었다. 우리는 하늘에 떠 있는 보름달을 지그시 바라보았다. 구름 한 점 없어서 월식을 보기에는 완벽한 날씨였다. 로빈이 메스칼 술을 잔에 따라서 돌렸고, 술기운에 몸이 따뜻해진 우리는 하늘을 바라보며 보름달을 향해 와우와우 짖

어댔다. 달이 사라지면 늑대나 다른 동물들은 어떤 기분이 될지 궁금했다. 사포텍족이나 아즈텍인들이 이런 월식을 어떻게 보고 해석했는지도 궁금했다. 그들 사회의 신관이 경외의 대상이 되었던 것은 이런 천체 현상을 예측할 수 있는 능력에 부분적으로 기인한 것은 아니었을까.

얼마쯤 지난 뒤 나는 일행 곁을 떠나 다른 장소를 찾아 앉았다. 달이 절반쯤 사라졌을 때였다. '최종적인 결말', 아주 좁은 초승달 모양의 빛만 남아 있는 그 기묘한 순간(사실은 대략 5분 동안)을 혼자서 보고 싶었다. 그 가느다란 빛이 달 전체를 투사하는 듯해서, 달이 희미하게 불이 켜진 유리공처럼 보인다. 거대한 유리공이 하늘에 떠서 빛을 내고 있고, 평상시에는 결코 볼 수 없는 실선들이 생겨나 있으며, 일식이나 월식이 완성될 때 항상 강렬하게 나타나는 저 기묘하고 불그스름한 반음영이 유리공 전체에 퍼져 있다.

오늘 우리는 몬테 알반의 웅장한 유적지에 갈 것이다. 그에 앞서서 나는 갖고 있던 안내서에서 이 유적지에 관한 부분을 조금 읽어본다. 이곳이 로마 건설 시기와 거의 비슷한 기원전 600년경 올멕Olmec 시대에 세

워졌으며, 급속히 사포텍 문화의 중심지가 되었다고 적혀 있다. 고원지대에 자리 잡은 이 도시가 이 지역 정치와 상업의 중심지가 되어, 반경 200킬로미터에 이르는 지역까지 영향력을 행사했다는 것이다. 도시를 만들기 위해 산꼭대기를 평평하게 깎아 고원을 만든 것 자체가 토목기술의 놀라운 개가다. 4만 명이 넘었을 것으로 추정되는 주민들을 위해 상하수도 시설을 마련하고 식량을 조달한 재주에 대해서는 말할 것도 없다. 이 도시에는 노예와 장인, 행상인과 상인, 전사와 운동선수, 건축 장인들과 천문학자를 겸한 신관 등이 살고 있었다. 이 도시는 중앙아메리카 전역과 이어진 무역망의 중심지였으며, 흑요석, 옥, 케찰(중앙아메리카에 사는 새의 일종—옮긴이)의 깃털, 재규어 가죽, 대서양과 태평양 해안에서 가져온 조개껍질 등이 팔리는 커다란 시장이었다. 그런데 어찌 된 영문인지 힘과 영향력이 절정에 달한 것처럼 보이던 서기 800년경, 그러니까 건설된 지 1,500년 만에 주민들이 갑자기 사라져버렸다. 몬테 알반은 미틀라나 야굴보다 훨씬 더 역사가 긴 곳이지만, 사포텍족은 이곳을 신성한 곳으로 여겼기 때문에 스페인 정복자들의 눈에 띄지 않게 숨기는 데 성공했던 것 같다. 따라서 지금도 처음 건설되었을 때와 거의 비슷한 모습 그대로 상당히 잘 보존되어 있다.

몬테 알반 외곽에 있는 산들에 피라미드 모양의 작은 둔덕, 무덤, 계단식으로 산을 깎은 곳 등이 점점이 흩어져 있는 것이 보인다. 이곳의 오래된 산들에는 인간의 역사가 깊이 배어 있다. 이제 겨우 700살인 오악사카 시보다도 더 오래된 역사다. 내가 몬테 알반에서 받은 첫 인상은 상당히 압도적이라는 것, 그리고 뜻밖이라는 것이다. 도시 자체는 널찍하고 거대하다. 아마도 도시가 텅 비어서 으스스하게 보이기 때문에 한층 더 넓어 보이는 듯하다. 높은 고원에 자리 잡은 이곳에서는 오악사카의 전경이 내려다보인다. 저 아래 계곡에 조각보가 펼쳐져 있는 것 같다. 이곳의 유적들은 로마나 아테네의 유적들 못지않게 기념비적인 규모를 자랑한다. 신전, 시장, 안뜰, 궁전…. 하지만 중앙아메리카의 눈부시게 푸른 하늘을 배경으로 산꼭대기에 높이 자리 잡고 있는 것은 로마나 아테네와 다른 점이다. 문명의 성격도 완전히 다르다. 이 도시에는 아직도 신성한 느낌이 배어 있다. 예전에 예루살렘 같은 신의 도시였기 때문이다. 하지만 지금은 인적이 끊기고 황폐해졌다. 신들은 사람들과 함께 어디론가 가버렸지만, 그래도 그들이 한때 이곳에 머물렀음을 지금도 느낄 수 있다.

루이스도 일종의 황홀경을 느끼고 있는지, 몬테 알반에 관해 말하는 그의 목소리가 최면술처럼 우리를 사로잡는다. 그는 이 도시의 거대한 단들과 안뜰이 주위 산들과 계곡들의 윤곽을 그대로 본 뜬 것이라는 점, 도시 전체가 주위의 자연을 모델로 삼아 건설됐다는 점을 이야기한다. 이 도시는 내적으로만 조화를 이룬 것이 아니라 사방을 둘러싼 땅이나 지형과도 조화를 이루고 있었다.

그런데 어떤 건물 하나가 나를 놀라게 한다. 다른 것과는 전혀 다른 각도로 서 있어서 전체적인 균형에 반란을 일으키고 있기 때문이다. 묘한 오각형 모양을 보니 우주선이 생각난다. 활주로처럼 생긴 몬테 알반 꼭대기에 거대한 우주선이 추락한 것 같다. 아니면 별들을 향해 발사되기 직전인 걸까. 이 건물의 공식적인 이름은 J 빌딩이지만, 비공식적으로는 천문대라고 불린다. 금성이 이동하는 경로와 가끔 다른 행성들과 함께 늘어서는 현상을 가장 잘 관찰할 수 있는 각도로 설계된 것처럼 보이기 때문이다.

루이스의 설명에 따르면, 천문학자를 겸한 몬테 알반의 신관들이 복잡한 이중 달력을 고안해냈는데, 이것이 곧 중앙아메리카 전역에 보편적으로 퍼져나갔다. 이 이중 달력은 1년이 365일인 세속달력(아즈텍인들은 나중에 태양력의 1년이 365.2420일임을 계산해냈다)과 260일인 신성달력으로 구성되어 있었다. 신성달력에서는 하루하루에 독특한 상징적 의미가 있었다. 이 두 달력은 1만 8,980일, 즉 태양력으로 대략 52년마다 한 번씩 일치하는데, 이것이 한 시대의 끝을 의미했다. 그리고 다시는 태양이 떠오르지 않을지도 모른다는 두려움으로 대표되는, 엄청난 공포와 낙담의 시기이기도 했다. 이 한 주기의 마지막 밤에 사람들은 엄숙한 종교행사, 참회, 인간 희생제물(나중에 아즈텍인들이 시작한 것) 등을 통해서 무시무시한 일이 일어나는 것을 막으려고 애썼다. 별들, 그러니까 신들이 어느 쪽으로 가는지 알아내려고 하늘을 필사적으로 뒤지기도 했다.

중앙아메리카 천문학과 고대 천문학 전문가인 앤터니 F. 애버니Anthony F. Aveni는 아즈텍인들에 대해 다음과 같이 썼다.

… 하늘에서 생명을 유지시켜주는 것들을 보았다. 그들은 인간에게 이로운 비를 주고, 지진이 일어나지 않게 지켜주고, 전투를 할 때 자신들을 격려해주는 신들의 은혜를 갚기 위해 희생제물의 피를 바쳤다. 이 신들 중에 검은 테스카틀리포카Tezcatlipoca는 북쪽의 거처에서 수레바퀴(북두칠성)로 밤을 다스렸다. 그는 신들이 인류의 운명을 걸고 게임을 하는 우주 경기장(쌍둥이자리)을 관장했다. 그리고 화덕에 온기를 주는 불쏘시개(오리온자리의 세 별)에 불을 붙였다. 그리고 달력상의 52년 주기가 끝날 때마다 방울뱀의 꼬리(플레이아데스성단)가 한밤중에 상공을 지나가게 시간을 조정했다. 그 순간에 세상이 끝나지 않고, 인류가 생명의 시대를 한 번 더 허락받

을 수 있게 하려는 조치였다.

아즈텍의 신관들은 테노치티틀란의 천문 관측 신전에서 1,000년 전 몬테 알반의 천문학자 겸 신관들이 했던 것과 같은 일을 했다.

아즈텍인들은 사포텍족보다 더 미신을 잘 믿고, 우주적 숙명론에 더 빠져 있었다. 몇 개 남아 있지 않은 아즈텍의 자료들을 살펴보기만 해도 그들이 1496년 8월 8일 오후에 부분일식을 보았으며 여기에 행성들의 수상쩍은 배열과 유성이 덧붙여지면서 사람들이 공포에 떨었으리라는 것을 쉽게 추측해낼 수 있다. 루이스는 코르테스가 소수의 정복자들을 이끌고 나타났을 때 아즈텍이 거의 숙명적으로 보일 정도로 쉽게 무너져버린 데는 그들 사회 내부의 정치적 분열뿐만 아니라 스페인인들의 강철 무기나 갑주에 대항할 능력이 없는 것과 이런 묵시록적 두려움 또한 영향을 미쳤다고 보고 있다.

이런 생각들이 머릿속에서 와글거리는 가운데 나는 천문대를 응시하며 나도 모르게 미신과 과학의 묘한 상호침투에 대해 생각하게 된다. 중앙아메리카인들은 믿을 수 없을 만큼 뛰어난 과학적 성취와 순진한 물

활론적 믿음이 혼합된 사상을 받아들였다. 지금 우리에게는 그 사상이 얼마나 남아 있을까? 중앙아메리카의 삶에는 자연뿐만 아니라 초자연적인 것에 대한 느낌이 배어 있었다. 하늘과 땅 밑에서 다스리는 위대한 신들에서부터 옥수수나 지진이나 전쟁을 다스리는 하급신들에 이르기까지 초자연적인 존재들에 대한 믿음이 그들의 삶을 지배한 것이다.

몬테 알반을 이리저리 돌아다니면서 나는 나도 모르게 끊임없이 고대 이집트를 떠올린다. 신전, 단, 피라미드의 기단, 밖을 향한 웅장한 건축과 탁 트인 공간 같은 것들 때문이다. 루이스는 미학적인 면만이 아니라 신성함도 여기에 영향을 미쳤다고 말한다. 자연의 힘과 형태를 믿는 종교가 도시의 건축물들은 물론이고 공간에도 형태를 부여하고 있는 것이다. 이곳의 종교는 온화하고, 경건하고, 탁 트인 야외를 좋아하는 것이었던 듯하다(비록 행성, 별, 우주 전체를 정교하게 한데 묶은 이론에 묶여 있기는 했지만). 이 종교에서 아즈텍의 폭력, 인간제물, 공포는 아무런 쓸모가 없었다. 적어도 루이스의 주장은 그렇다.

고대 이집트와 마찬가지로 이곳 몬테 알반에서도 조상숭배가 이루어졌기 때문에 도시 외곽에 커다란 무덤들, 즉 고분들이 있다. 이곳은 대도시지만 또한 죽은 자들의 도시이기도 하다. 비교적 평범한 무덤들도 있다. 세상을 떠난 부모나 조부모의 영혼이 후손들 곁에 머물 수 있게 집 안에 작은 무덤을 쓴 경우다. 몬테알반박물관에 이런 무덤 중 하나가 열린 채 전시되어 있는데, 유리 전시관 속에서 일흔다섯 살의 할머니가 쪼그라든 모양으로 누워 있다. 치아에서는 칼슘이 빠져나갔고, 뼈는 골다공증에 걸렸고, 평생 힘든 일을 한 탓에 무릎은 골관절염에 걸렸다. 아마 평생 무릎을 꿇고 앉아서 옥수수를 갈았을 것이다. 죽은 사람을 이런 식으로 노출시키는 것은 존엄성을 해치는 일인 것 같다. 그래도 이 무덤을 보며 인간의 현실을 느낄 수 있다. 저 노부인의 삶은, 그녀의 내면은 어땠을지 궁금하다.

눈을 감으면 몬테 알반의 광대한 중앙광장이 사람들로 북적거리는 모습을 쉽사리 상상할 수 있다. 매주 한 번씩 있는 장날이면 2만 명은 쉽게 들어갈 수 있을 것 같은 이 광장에 사람이 가득 모여들었을지도 모른다. 베르날 디아스가 테노치티틀란에서 보았던 것과 비슷한 시장이었을 것이다. 수천 명의 사람들이 광장에서 분주히 돌아다니고, 방방곡곡에서 온 상인들과 행상인들은 자기 물건을 사라고 외쳐댔을 것이다.

내 기억이 갑자기 덜컹대더니 오악사카의 시장으로 돌아간다. 그곳의 상인들이 아니라 시장 밖에서 가난에 지쳐 풀이 죽어 있던 거지들에게로. 몬테 알반 입구에서 관광객들에게 오렌지를 팔고 있는 남자도 그 거지들과 마찬가지로 이 도시를 건설한 사람들의 직계 후손인지도 모른다. 아니면 스페인 정복자들의 후손일 수도 있고, 그 둘 모두의 후손일 수도 있다. 우리가 저지른 범죄의 거대함, 그 비극성이 나를 압도한다. 콜럼버스와 코르테스가 일각에서 악당으로 통렬히 비난받는 이유를 알 것 같다.

그토록 무자비하고 체계적으로 파괴된 정체성을 다시 구축할 수 있을까? 재구축을 시도라도 해본다면 거기에 어떤 의미가 있을까? 콜럼버스 이전에 존재하던 언어들은 지금도 널리 쓰이고 있다. 아마 이곳 인구의 5분의 1이 그런 언어를 쓰고 있을 것이다. 이곳 사람들의 주식도 변하지 않았다. 여전히 5,000년 전과 마찬가지로 옥수수, 호박, 고추, 콩을 먹는다. 그 밖에 살아남은 문화적 요소들도 많다. 비록 기독교는 오랜 역사를 지녔지만, 어떻게 보면 아직도 얄팍한 겉치장에 지나지 않는 듯한 느낌이 든다. 과거의 예술품과 건물도 어디서나 볼 수 있다.

나는 몬테 알반 중심부의 널찍한 공간 중 한 곳에 서서 엄청난 인파를 상상한다. 10여 개의 언어로 외치는 사람들의 목소리, 신자들로 가득한 신전, 하늘까지 올라가는 신자들의 기도 소리, 그리고 우주선을 닮은 건물 안에서 조용히 연구하는 천문학자들. 나는 이 군중의 포효를 상상한다. 어쩌면 몬테 알반의 전 인구라고 해도 좋을 만큼 많은 사람이 신성한 경기를 보려고 경기장으로 몰려 들어오며 포효를 질러댔을 것이다.

중앙아메리카의 독특한 점이 바로 이것이다. 구기 경기가 문화의 중심을 차지하고 있다는 점과 그런 경기를 위해 지은 경기장. 구세계에는 어느 도시에도 구기 경기장이 없었다. 신들이 하늘의 경기장에서 시합을 벌인다는 이야기도 물론 없었다. 구기 경기가 없으니 공도 없었다. 그럴싸한 공도 없이 어떻게 경기를 할 수 있겠는가? 나는 처음에는 이 점을 미처 생각하지 못했다.

경기장은 이제 옛날 모습 그대로 복원되어 있어서 몹시 아름답다. 거대한 직사각형 잔디밭 양편에 화강암으로 만든 거대한 '계단들'이 피라미드처럼 높이 솟아 있는 모습이다. 이곳에서 치러진 경기의 규칙이나 의미에 대해서는 알려진 바가 거의 없다. 루이스의 말로는, 사포텍족의 구기 경기에서 중요한 것은 경쟁이 아니었다(나중에 아즈텍인들이 즐겼던 '퇴보한' 형태의 경기와는 반대라고 루이스가 말했지만, 어쩌면 그가 사포텍족이기 때문에 아즈텍인들에게 편견을 갖고 있는 건지도 모른다). 사포텍족의 경기는 발레와 비슷해서 빛과 어둠, 삶과 죽음, 해와 달, 남자와 여자 사이에서 한없이 움직였다. 우주의 한없는 싸움과 그 역동성을 표현한 경기였다. 그러니 승자도 패자도 골도 없었다.

하지만 이처럼 숭고한 상징적 의미를 지니고 있다 해도, 선수들은 역시 격렬히 몸을 움직여야 했다. 대여섯 명이 한 팀이 된 선수들은 발과 손을 제외한 모든 부위를 사용했다. 어깨와 팔꿈치는 물론, 특히 바구니 같은 도구를 매단 엉덩이를 많이 이용했다. 바구니 같은 도구는 공을 쏘아 보내거나 방향을 조종하는 데 도움이 되었다. 농구공보다 큰 공은 단단한 고무로 만들어서 무게가 4.5킬로그램 이상이었기 때문에 엄청나게 무거웠다. 루이스는 사포텍족의 경기가 경쟁을 위한 것이 아니라고 말했지만, 적어도 아즈텍인들의 경기는 경쟁이 목적이었으며 심지어 목숨까지 걸려 있었다. 진 팀(때로는 이긴 팀)의 주장을 희생제물로 바친 뒤 그 고기를 사람들이 나누어 먹었기 때문이다.

하지만 식물학을 사랑하는 우리 일행의 이야기는 공 쪽으로 옮겨간다. 스페인인들이 등장하기 수백 년 전, 아니 심지어 수천 년 전에 중앙아메리카 원주민들이 토종 나무들에서 라텍스를 추출하는 법을 어떻게 찾아냈는지에 관한 이야기. 실제로 스페인인들은 고무공을 처음 보고 놀라움을 금치 못했다. "공이 땅에 떨어지면 엄청난 속도로 튕겨 허공으로 다시 떠올랐다. 어떻게 이럴 수 있을까?" 16세기의 한 탐험가는 너무 놀라서 이런 글을 남겼다. 일부 탐험가들은 공이 살아 있다고 생각하기도 했다. 구세계에서는 그토록 탄력 있고, 다시 튀어오르는 힘이 그토록 강한 물건을 본 적이 없기 때문이었다. 스프링을 눌렀다가 손을 떼었을 때라든가 활시위를 한껏 잡아당겼다가 놓았을 때의 탄성은 보았겠지만, 아예 탄성이 내재된 물질이 있을 것이라고는 꿈에서도 생각해 본 적이 없었다.

많은 식물이 끈적거리는 우유 같은 수액을 분비한다. 그것이 라텍스다. 그냥 내버려두면 이 수액은 말라붙어서 잘 부스러지는 약한 고체가 된다. 수액 안에 들어 있는 고무 성분을 현미경으로나 볼 수 있는 미세한 방울 모양으로 응고시키려면 별도의 처리가 필요하다. 그러면 수액이 반죽 같은 덩어리로 변했다가 마르면서 우리가 고무라고 부르는 그 탄성 있는 고체가 되는 것이다. 고무나무는 없지만, 여러 과에 속하는 많은 나무가 고무를 만드는 데 적합한 수액을 분비한다. 그리고 이런 나무들 중에는 중앙아메리카인들이 처음 찾아낸 것이 많다. 마야인들은 카스틸로아 엘라스티카*Castilloa elastica* 나무를 베어 넘긴 뒤 끈적이는 수액을 통에 모아서 나팔꽃 수액으로 만든 산성 즙을 첨가했다(카스틸로아 나무가 나팔꽃 덩굴에 둘러싸여 있는 경우가 많았기 때문에 나팔꽃을 이용하는 것은 특히 편리한 방법이었다). 그렇게 만들어진 고무는 경기에 쓰는 커다란 공만이 아니라 아이들이 가지고 노는 작은 공을 만드는 데도 쓰였다. 그 밖에 종교적인 성상들, 고무 밑창을 댄 샌들, 도끼날을 자루에 묶는 끈에도 역시 고무가 사용되었다.

초창기 탐험가들에 의해 스페인에 소개되어 즉시 인기를 끈 초콜릿이나 담배와 달리 고무가 유럽에 소개되는 데는 시간이 좀 걸렸다. 유럽에 소개된 고무는 아마존의 파라고무나무로 만든 것이었기 때문에 지금도 이 나무가 널리 재배되고 있다. 고무를 롤러로 펴서 평평하게 만든 판은 1770년대에야 비로소 프랑스에 처음으로 소개되어 엄청난 흥미를 일으켰다. 스코틀랜드의 찰스 매킨토시Charles Macintosh는 고무를 사용해서 방수포를 만들 수 있음을 깨달았다. 그가 만든 방수포는 오늘날 '매킨토시'라고 불린다. 한편 산소의 발견자인 조지프 프리스틀리Joseph Priestley는 고무를 이용해서 연필 자국을 지울 수 있음을 알아냈다. 오늘날의 '고무'가 이렇게 만들어진 것이다(이것이 만들어진 뒤에야 비로소 고무를 뜻하는 'rubber'라는 단어가 널리 쓰이게 되었다. 하지만 나는 잉카인들이 쓰던 케추아어의 원래 단어가 반영되어 야생의 느낌이 나는 프랑스어 'caoutchouc'가 더 마음에 든다).

찰스 굿이어Charles Goodyear가 고무 원료에 황을 첨가해서 가열하면 유연성과 탄성이 뛰어난 고무를 만들 수 있음을 발견한 것은 19세기 들어서였다. 그런 의미에서 굿이어는 고무를 '발명'했다고 할 수 있다. 비록 마야인들이 이미 수천 년 전에 같은 물질을 발명하긴 했지만 말이다. (나팔꽃에 황화합물이 들어 있어서 굿이어의 공정에 따라 고무 원료를 처리할 때처럼 라텍스 중합체를 교차결합시켜 딱딱한 분절들을 중합체 사슬 속에 도입시키는 능력이 있음이 최근에야 비로소 발견되었다. 중합체 사슬은 서로 얽혀서 상호작용을 하면서 고무의 탄성을 만들어낸다.)

나는 루이스의 설명과 백일몽 사이를 오락가락하면서 몬테 알반이 전성기를 누리던 1,500년 전의 경기장을 상상해본다. 경기에 나선 선수들은 우아하면서도 필사적인 동작으로 힘차게 서로 부딪히며, 거의 살아 있는 것처럼 보이는 무거운 공을 엉덩이를 이용해 이리저리 움직였을 것이다. 그러면서 하늘에서도 이것과 똑같은 경기가 벌어지고 있을 거라고, 자기들의 움직임이 만들어내는 패턴이 우주의 움직임, 죽음과 삶을 관장하는 신들의 균형을 맞춰주고 있을 거라고 생각했을 것이다.

이렇게 고상한 생각을 하고 있던 나를 존 미켈이 방해한다. 그가 105호 고분으로 와락 달려드는 모습이 눈에 들어온 것이다. "아스트롤레피스 베이텔리*Astrolepis beitelii*!" 그가 들뜬 목소리로 외친다(아스트롤레피스속의 식물은 아직 우리가 채집한 적이 없다). 양치류 연구에 대한 그의 열정이 절정에 달해 있다. 다른 사람들은 몬테 알반을 이리저리 돌아다니며 탄성을 연발하고 있지만, 나는 저 멀리 아래쪽의 벌판에 세 사람의 모습이 아주 작게 보이는 것을 발견한다. JD, 데이비드, 스코트가 모두 허리를 잔뜩 구부리거나, 웅크리고 앉거나, 엎드린 채로 휴대용 렌즈를 꺼내 들고서 이곳에서 자라는 아주 작은 식물들을 조사하고 있다. 그들은 궁극의 희생을 치르고 있다. 몬테 알반의 기념비적인 건물들, 웅대함, 수수

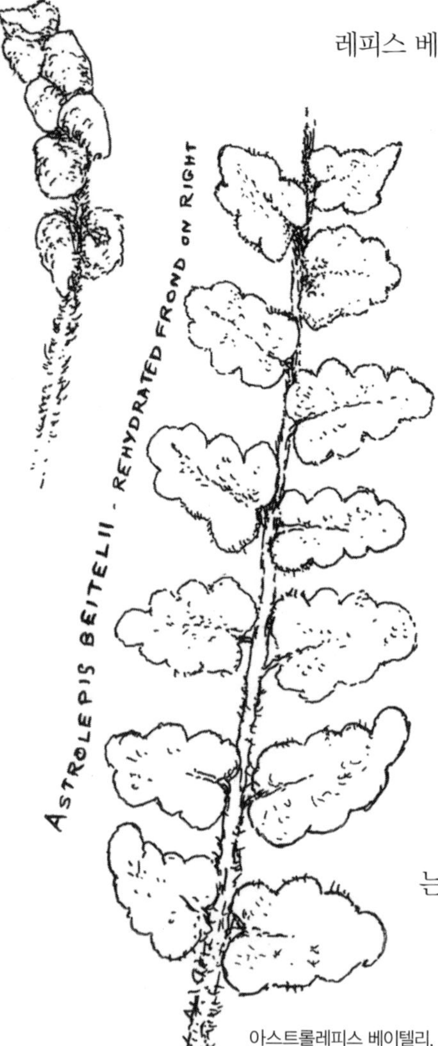

아스트롤레피스 베이텔리,
다시 물을 머금은 이파리(왼쪽)

께끼를 뒤로 한 채 소박하지만 단호한 민꽃식물학의 외침에 응하고 있으니 말이다.

9. Saturday

지금은 익스틀란에 있는 분의 집으로 가는 길이다. 나는 반쯤 잠에 빠져 있다가(버스에 늘어진 채 피라미드, 계단식으로 깎인 산, 경기장, 자꾸만 머릿속에서 재생되는 몬테 알반의 모습 등이 등장하는 환상을 보고 있었다) JD의 "새다!"라는 외침에 깨어났다. 눈을 뜨니 JD가 잔뜩 긴장한 채 전문가다운 열정적인 시선으로 풍경을 훑고 있는 모습이 보인다.

비스듬히 비치는 이른 아침의 황금빛 햇살 속에서 도로 바로 옆의 오두막집이 보인다. 당나귀가 한 마리 있고, 마당에는 사람들이 북적거린다. 하지만 나는 또 카메라를 꺼내는 것이 늦어져 사진을 찍지 못한다. 바로 어제 몬테 알반에서 커다란 경기장 위로 불쑥 나온 바위 위에 근육이 아름답게 붙은 호리호리한 젊은이가 거의 알몸으로 서 있는 것을 보았을 때와 똑같다. 젊은이는 그 옛날 이곳에 살던 주민 중 한 사람이라고도 해도 될 것 같았다. 태양을 향해 자신을 바치고 있는 젊은 전사 겸 신관이었을까? 찬란한 풍경을 배경으로 서 있는 아름다운 인간의 모습에 나는 카메라로 손을 뻗었다. 정말이지 제대로 사진을 찍을 수도 있었는데, 바로 그 순간에 누가 내게 질문을 하는 바람에 거기에 대답을 하고 나서 보니 젊은이는 벌써 사라지고 없었다.

나는 우리가 이곳에 와서 본 다양한 식물을 생각한다. 단순히 양치류만 다양한 것이 아니라 다른 것들도 있지만, 우리는 그것을 당연한 듯 받아들이고 있다. 스페인 정복자들은 은과 금을 탐내고 있었기 때문에 이곳 주민들을 상대로 무작정 강탈을 자행했다. 하지만 그들이 고국에 전해준 진짜 선물은 그것이 아니었다. 스페인이 중앙아메리카를 정복하기 전에는 유럽에 알려져 있지 않았던 담배, 감자, 토마토, 초콜릿, 호리병박, 칠리, 고추, 옥수수 등이 바로 진짜 선물이었다. 고무, 껌, 이국적인 환각제, 코치닐 등은 말할 것도 없다.

"자, 사진 찍는 시간입니다!" 버스가 잠시 정차하고 있는 동안 존 미켈이 말한다. 우리는 이제 높은 능선에 올라와 있다. 발아래에 작은 봉우리들이 숲에 뒤덮인 바다처럼 펼쳐져 있다. 하지만 다들 이 숨 막히게 아름다운 풍경을 건성으로 흘깃 보고는 아주 작은 식물들에 달려든다. 바로 내 앞에 있는 딕은 아주 작은 꽃을 찾아냈다. 그는 이것이 숫잔대속의 꽃일 거라면서 휴대용 렌즈로 꼼꼼히 조사한다. 그렇게 분석하듯 꽃을 조사하면서도 그 아름다움에 연신 탄성을 지른다. 이 숫잔대속의 식물이 깨운 것은 그의 예술가 기질일까, 아니면 과학자 기질일까? 틀림없이 둘 다일 것이다. 이 둘이 완전히 융합되어 있으니까 말이다.

로빈의 경우도 비슷하다. 그는 버스에서 내린 이 짧은 시간 동안 거대한 솔방울을 하나 찾아냈고, 지금은 (나의 빨간색 펜과 초록색 펜을 이용해서) 솔방울의 비늘들이 고정된 수열에 따라 질서정연한 나선형으로 배열돼 있는 모습을 표시하고 있다. "피보나치수열을 모르면 솔방울을 진정으로 이해할 수 없어요." 그가 말한다. (그는 전에도 양치류 이파리 끝의 돌돌 말린 모양이 로그나선형이라며 비슷한 말을 한 적이 있다.)

"멋져요." 낸시 브리스토가 그 솔방울을 자세히 살펴보면서 말한다. 낸시는 직업이 수학교사이고, 취미로 식물학 연구와 새 관찰을 즐기고 있다. 나는 "멋지다"라는 말이 무슨 뜻이냐고 묻는다.

"우아하고… 완벽하게 조직되어 있고… 균형적이고… 완전하고… 미학과 수학이 결합되어 있어요." 낸시는 "멋져요!"라는 감탄사를 더 자세히 설명해보라는 내 말에 다양한 단어와 다양한 개념을 찾아 헤맨다.

"골드바흐의 예상('2보다 큰 모든 짝수는 2개의 소수素數의 합'이라는 미증명 정리—옮긴이)도 멋진가요?" 내가 묻는다. "페르마의 마지막 정리는요?"

"글쎄요." 낸시가 말한다. "그 증명은 극단적으로 어지러워요."

"그럼 주기율표는요?" 내가 묻는다.

"그건 아주 멋지죠. 솔방울만큼이나. 오로지 신이나 천재만이 그렇게 멋진 걸 만들어낼 수 있어요. 신성할 정도로 경제적이고, 가장 간단한 수학적 법칙들이 실현되어 있으니까요." 낸시와 나 둘 다 침묵에 잠긴다. '멋지다'라는 간단한 단어가 갑자기 이런 이야기로 이어진 것이 놀랍다.

"새를 좋아하는 사람들birders!"이라는 갑작스러운 외침에 버스 안에 있던, 새를 좋아하는 사람들이 모두 머리 위에서 날고 있는 검은 독수리를 발견한다. 나는 이 말을 '살인murders'으로 잘못 알아듣고 그 열광적인 목소리에 깜짝 놀란다. 모두들 내 착각에 웃음을 터뜨린다. 특히 내가 착각을 빌미로 장난을 친 것이 재미있는 모양이다. "와! 저기 저 시체들을 좀 봐요! 저기 큰 게 하나 있네…. 이런, 저기 좀 봐요…."

익스틀란을 조금 지나서 분의 집이 가까워졌을 때 차가 멈춘다. 왼쪽 길가에 기관총을 장착한 지프가 아주 잘 보이게 서 있다. 위장복 바지와 'Policia Judicial'[사법경찰]이라는 문구가 찍혀 있는 티셔츠 차림의 청년이 버스에 오른다. 카키색 군복, 그물에 덮여 있는 군모, 군화, 각반을 모두 갖춘 진짜 군인이다. 하지만 너무 어린 얼굴(열여섯 살 같다) 때문에 군인 놀이를 하는 소년처럼 보이는 것이 터무니없다. 그는 어색하게 펜을 놀린다. 그가 매력적인 미소를 짓자 매끈하고 검은 얼굴에 몹시도 하얀 치아가 드러난다. 하지만 그러는 동안에도 기관총은 계속 우리를 겨냥하고 있다. 존이 서류를 꺼내 우리의 신원을 밝히며 위험한 사람들이 아님을 증명한다. 젊은이는 매력적인 미소를 잃지 않은 채 우리에게 가도 좋다고 허락해준다. 하지만 그 결과가 달라질 가능성은 얼마든지 있었다. 기관총을 든 이 소년들은 상대가 진지하게 도발하거나 모호한 구석이 있으면 일단 총부터 쏘고본다. 질문은 나중이다. 아주 가까운 곳에 있는 치아파스 주에서 내전이 벌어지고 있기 때문에 군인들은 신경이 곤두서서 모든 사람을 의심하며 쉽사리 방아쇠를 당긴다. 나는 경찰관 겸 군인인 그 젊은이의 사진을 찍고 싶지만, 그랬다가는 그를 모욕하거나 도전하는 것처럼 보일지도 모른다.

루이스는 오악사카에서 이렇게 차량을 정차시키고(수색을 하는 경우도 많다) 친절함과는 거리가 먼 질문을 던지며 승객들의 몸을 수색하는 일이 점점 잦아지고 있다고 말한다. 우리도 군대가 도로의 통행을 차단한 모습과 수색대들을 사방에서 보았다. 하지만 군대가 우리 차를 세운 것은 이번이 처음이다. 그들은 밀수품, 특히 밀수된 무기를 찾고 있지만 (루이스의 설명에 따르면) "종교적, 정치적 신념"을 지닌 사람들, 즉 선교사나 반대파 군인처럼 문제를 일으킬 만한 사람을 찾는 것도 수색의 목적 가운데 하나다. "서류를 제대로 갖추지 못한" 학생도 의심을 받는다. 이런 시기에는 누구나 의심의 대상이 될 수 있다.

존은 이런 분위기를 눈치 채고 우리의 종교는 "식물학"이라면서 뉴욕식물원 배지를 보여주었다(코치닐 덕분에 분홍색으로 염색된 내 뉴욕식물원 티셔츠를 보여주어도 괜찮았을 텐데!).

"바위에 폴리포디아*Polypodia*가 매달려 있어요." 존이 외친다. 군인들이 나타났을 때 아주 냉정하게 대처한 그는 이제 식물학을 좋아하는 원래

의 모습으로 돌아와 있다. "지금 우리는 라베아*Llavea*속의 식물들을 보러 가는 중입니다." 그가 말을 덧붙인다. 나는 웨일스어처럼 'l'이 두 개 겹쳐져 있는 이 이름이 마음에 든다. 하지만 존은 웨일스어가 아니라고 내 말을 정정해준다. 라베아라는 이름은 200년 전 멕시코를 여행하며 식물학 연구를 한 파블로 데 라 야베Pablo de la Llave의 이름을 따서 1816년에 지어진 것이라고 한다.

분이 살고 있는 곳의 입구에 도착한 우리는 버스에서 내려서 상당히 가파른 길을 올라가기 시작한다. 우리는 고도가 2,100미터를 넘는 상당히 높은 곳에 또 올라와 있다. 게다가 나는 살짝 독감 느낌이 나는 기관지염에 걸려 있어서(나 말고도 여러 사람이 같은 병에 걸렸다) 조금 숨이 차다. 분이 우리를 맞이하러 나온다. 어깨가 널찍하고 탄탄한 몸집의 그는 숨이 가쁜 기색이 전혀 없다(하기야 여기서 살고 있으니 이 정도 고도가 그에게는 정상일 것이다). 일흔다섯 살이 넘었는데도 여전히 강인하고 민첩하다. 그는 우리가 군인과 마주쳤다는 이야기를 듣고도 놀라지 않는다. 그는 멕시코의 현 정세를 이야기하다가 곧 질문을 던진다. "로크의 책을 읽었습니까?" 그러고는 로크의 《통치론》에 대한 이야기로 말을 잇는다. 농업, 유전학, 정치, 철학, 이 모든 것이 분의 광범위한 지식 속에 섞여 있다. 그가 한 주제에서 다른 주제로 갑작스레 옮겨가는 일이 자주

일어나는 것은 이처럼 지식이 많은 사람들에게 자연스럽게 찾아오는 연상현상 때문이다. 조금 있으면 우리 일행 중 일부는 숲으로 들어갈 것이고, 나를 비롯한 다른 사람들은 이곳의 오두막에 남아 있을 것이다. 그때가 되면 분과 본격적으로 이야기를 나눠봐야겠다고 나는 다짐한다. 분을 보면 볼수록 그에게 매혹되어 그와 더 친해지고 싶다는 생각이 든다. 하지만 나는 이 소망을 이루지 못한다. 젊은 식물학자 두 명이 나타났기 때문이다. 노르웨이에서 이제 막 도착한 그들은 분을 만나기 위해 특별히 이곳을 찾아왔다고 한다. 분은 유창한 노르웨이어로 그들을 반가이 맞이한다. 이 사람은 도대체 몇 개 국어를 할 줄 아는 거지? 분은 이내 두 식물학자와 함께 사라져 어딘가에 틀어박힌다.

분의 오두막집 자체는 꽤 낡았지만 매력적이다. 헌신적인 과학자들이 찾아오기에는 이상적이다. 하지만 다른 사람들은 참기 힘든 곳이라고 생각할 수도 있을 것 같다. 하기야 이곳은 원래 과학자를 위한 곳이다. 사방에서 식물들이 서로 뒤엉켜서 자라고 있고, 개수대에는 도마뱀이 있고, 침실에는 군대의 침상 같은 침대 여섯 개가 다닥다닥 붙어 있다. 회의를 하기에 걸맞은 훌륭한 탁자도 있고, 집 밖에는 표본을 준비할 수 있게 마련해둔 널찍한 가건물도 있다. 스토브와 냉장고, 전기, 온수가 나오는 수도꼭지도 있다. 이곳을 찾는 식물학자들이 이 이상 무엇을 바랄 수 있겠는가?

아니, 식물학자가 진정으로 원하는 것은 밖에 있다. 이 오두막을 사방에서 에워싸고 있는, 다양한 식물이 자라는 풍요로운 숲. 반경 1킬로미터 안에 60여 종의 양치류가 자라고, 15킬로미터 안에는 무려 200종이 넘는 양치류가 있다. 중심부의 건조한 계곡과 오악사카 시는 남쪽으로 한 시간 반 거리이고, 울창한 강우림은 북쪽으로 겨우 두세 시간 거리다. 게다가 분이 옥수수 등 여러 작물을 기르는 작은 밭과 자몽에서부터 철쭉에 이르기까지 없는 것이 없는 개인 정원도 있다. 심지어 물고기가 사는 연못과 오래된 조각상도 여럿 있다.

캐럴 그레이시가 시계풀, 파시플로라*Passiflora*를 꺾어 와서 예수회 수도사들이 이 식물을 상징적으로 이용했다는 내용의 즉흥 강연을 한다. 세 개의 암술머리는 예수를 십자가에 못 박은 세 개의 못을 상징하고,

다섯 개의 수술은 예수가 다섯 곳에 입은 상처를 상징했다. 열 개의 꽃덮개 조각은 십자가 처형 현장에 나온 열 명의 사도를 상징하고, 내內화관은 예수의 머리에 씌워진 가시 면류관을 상징하고, 덩굴손은 예수가 십자가를 메고 갈보리 언덕으로 가면서 맞은 채찍을 상징했다. 예수회의 훌륭한 수도사들에게 현미경이 있었다면 하느님이 이 식물의 세포 안에 심어둔 십자가 처형의 상징을 10여 가지쯤 더 찾아낼 수 있었을 것이다.

나는 스코트, 낸시, JD와 함께 시계풀이 무리를 이루어 자라고 있는 곳으로 한들한들 나간다. 벌새와 나비를 관찰하기에도 이상적인 곳이다. 식물들이 빽빽하게 자라고 있어서 식물 채집을 하기에도 좋다. 우리가 미처 제대로 자리를 잡기도 전에 JD가 외친다. "벌새다! 삼나무에 앉아 있어요. 에메랄드처럼 반짝이는 초록색 띠가 있는 녀석이에요."

JD와 낸시는 계속 새들을 찾아낸다. 한 시간 동안 찾아낸 새가 스무 종은 넘을 것이다. 새를 찾을 때마다 두 사람은 계속 탄성을 질러댄다. 나도 주위를 살펴보지만 아무것도 보이지 않는다. 아니, 매와 독수리를 몇 마리 보기는 했지만 그것이 전부다. 두 사람이 탄성을 지르며 찾아내는 작은 새들은 내 눈에 전혀 보이지 않는다. 내 시력이 예리하지 못한 탓이라고 나는 양해를 구한다. 하지만 내 시력에는 아무 문제가 없다. 문제가 있는 쪽은 뇌다. 새 관찰자나 지질학자나 양치류 연구자가 되어서 그에 걸맞은 안목을 갖추려면 눈도 교육과 훈련을 거쳐야 한다(내가 '임상의'의 눈을 갖고 있는 것과 마찬가지다).

스코트는 동물과 식물의 상호작용을 관찰하도록 단련된 안목으로 시계풀 중에서 꽃이 찢어진 것들을 찾아낸다. 겉으로는 멀쩡해 보이는 다른 꽃들도 그가 칼로 가르자 꿀이 모두 빨려나가고 없다. "불법침입이네요." 그가 어두운 목소리로 말한다. 십중팔구 벌들이 개미들도 무시하고, 벌새들보다도 선수를 쳐서 꿀을 훔쳐갔을 것이다. 그 과정에서 꽃이 상하는 경우가 많다.

내가 꽃을 칼로 가르는 스코트의 솜씨에 감탄하고 있는데, JD의 목소리가 들린다. "이런, 세상에, 황조롱이잖아. 굉장해." 낸시는 내가 매와 독수리를 구분하지 못하는 것을 보고 두 새들이 공기역학적으로 어떻게 다른지 설명해준다. 독수리는 매와 달리 날개를 상반각으로 유지하고서…. 아, 그렇군. 낸시 덕분에 새들의 비행을 새로운 시각(수학자와 공학자의 시각)에서 바라볼 수 있게 된다. 반면 JD는 분류학과 생태학 전문가다. 낸시는 겨우 몇 년 전에야 비로소 새와 식물에 관심을 갖게 되었는데, 수학자의 시각으로 이 분야를 바라보고 있다. 나는 이것을 깨닫고 마음이 들뜬다. 추상적이고 수학적인 열정과 박물학자의 열정이

낸시의 머릿속에서 별도로 구분되어 있지 않고 하나로 합쳐져서 상호작용을 하며 서로를 비옥하게 만들어주고 있음이 이제 내 눈에 보인다.

유쾌한 화학자 겸 식물학자인 데이비드는 나를 볼 때마다 "황비철석이다!" 하고 소리를 지른다.

내가 "웅황!"이라고 응수하면 그는 "계관석!"이라고 받아친다.

이것이 우리 사이에서는 서로 손을 마주치며 하이파이브를 하는 것과 같은, 유쾌한 인사다.

나는 처음으로 야생에서 자라는 거대한 속새(에퀴세툼 미리오차에툼 *Equisetum myriochaetum*)를 보았다. 내 머리 위로 솟아 있는 그것을 보고 존은 최대 4.5미터까지 자랄 수 있다고 말한다. 그럼 줄기의 굵기는? 내가 묻는다. 존은 엄지와 집게손가락으로 O자를 만들어 보인다. 최대 지름이 1.5센티미터 정도라면서. 나는 크게 실망한다. 존이 호리호리한 나무줄기만 하다고, 그러니까 어린 노목(蘆木, 키가 30미터나 되는 고생대의 화석식물 — 옮긴이)만 하다고 말해주기를 바랐는데.

데이비드가 우리 이야기를 옆에서 듣고 고개를 끄덕인다. "정말로 화석을 좋아하네요." (전에 나는 그에게 고생대 식물학에 흥미가 있다는 이야기를 한 적이 있다.) 로빈은 위대한 식물 탐험가인 리처드 스프루스가 1860년대 초에 에콰도르에서 거대한 속새들이 자라는 곳을 우연히 발견하고는 줄기 굵기가 자기 손목만 해서 어린 낙엽송 숲처럼 보인다고 말했다는 이야기를 들려준다. "이곳이 원시시대의 노목 숲이라고 상상해도 될 것 같았다." 스프루스는 이렇게 썼다. 혹시 그는 정말로 기적처럼 살아남은 노목 숲을 발견했던 것이 아닐까? 고생대에 번성하다가 2억 5000만 년 전에 멸종해버린, 정말로

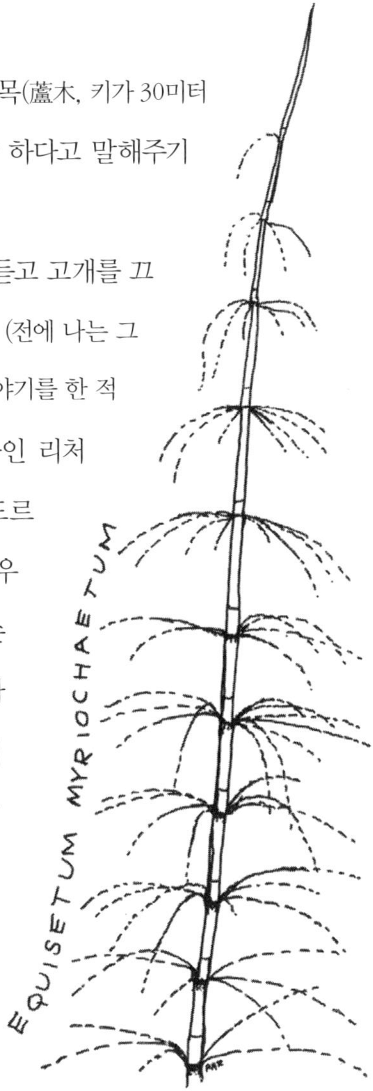

EQUISETUM MYRIOCHAETUM

에퀴세툼 미리오차에툼

나무 같은 거대 속새 말이다.

그럴 가능성은 매우 희박하지만, 그래도… 완전히 불가능하지는 않다. 어쩌면 그가 정말로 그런 숲을 발견했을지도 모른다. 어쩌면 사람들의 기억에서 사라진 아마존의 어느 구석에서 지금도 그 숲이 비밀스럽게 자라고 있을지 모른다. 로빈은 자신이 가끔 이런 환상을 꿈꾼다고 말한다("평소보다 좀 비이성적이고 낭만적인 기분이 들 때 그래요"). 나도 가끔 그런 환상을 꿈꾼다. 사실 세상에는 그보다 더 기묘한 일들도 있지 않은가. 이미 오래전에 멸종했다고 알려졌던 물고기 실러캔스도 1938년에 발견되었다. 1950년대에는 거의 4억 년 전에 멸종한 것으로 알려졌던 연체동물 한 강綱 전체가 발견되기도 했다. 메타세쿼이아가 발견된 것도, 나중에 오스트레일리아에서 월레미Wollemi 소나무가 발견된 것도 마찬가지다. 로빈이 베네수엘라의 고립된 높은 고원들에 대한 이야기를 꺼낸다. 워낙 가파른 바위 위에 있는 곳이라 헬리콥터를 타야만 갈 수 있다고 한다. 이 고원들에는 모두 그곳만의 독특한 식물들이 있다. 다른 곳에서는 전 세계 어디에서도 볼 수 없는 것들이다.

우리는 오두막에 다시 모여 채집해온 표본들을 늘어놓는다. 내 눈에는 거대한 속새가 (비록 노목은 아니지만) 다른 것들보다 훨씬 더 멋지게 보인다. 이제 분도 나와서(그는 그동안 내내 노르웨이의 그 학자들과 함께 있었다) 우리를 밖으로 데리고 나가 자신이 씨앗을 심어 키워온 다년생 옥수수 제아 디플로페렌니스*Zea diploperennis*를 보여준다. 약 15년 전 멕시코 할리스코 주에서 이 옥수수가 작은 무리를 이루어 자라고 있는 것이 발견되었는데, 분을 비롯한 몇몇 사람은 이 옥수수가 농업 분야에서 지닌 잠재력을 깨달았다. 우선 이 옥수수는 제대로 된 식물의 특징을 지니고 있었을 뿐만 아니라, 옥수수깜부기병에 저항하는 유전자도 갖고 있어서 그 유전자를 다른 여러 품종의 옥수수에 이식할 수 있었다. 그런데 분을 둘러싸고 이야기를 듣다보니 그에게 뭔가 독특한 점이 있다는 생각이 든다. 그는 기술적으로 아주 뛰어난 독창성을 지니고 있고, 독서의 범위가 엄청나게 넓고, 오악사카의 가난한 농부들에게 자존감과 자율성을 되찾아주기 위해 평생 열정적으로 헌신해왔다. 분은 지적으로나 도덕적으로나 남들과는 다른 차원의 존재다. 높이 자란 옥수수 옆에 서 있는 분의 강인한 모습이 오후의 햇빛을 받아 비스듬히 그림자를 드리운 가운데, 그가 우리에게 작별인사를 한다. 보기 드물게 영웅적이고 훌륭한 사람을 만난 느낌이다. 높이 자란 옥수수, 강렬한 햇살, 분의 모습이 하나가 된다. 현실이 강렬하다 못해 거의 초자연적으로 느껴지는, 뭐라고 표현할 수 없는 느낌이 드는 순간이다. 우리 모두 멍하니 황홀경에 빠진 사람처럼 길을 걸어 내려가 다시 버스에 오른다. 마치 갑작스레 나타난 신성한 환상을 보고 나서 다시 세속의 일상으로 돌아온 것 같다.

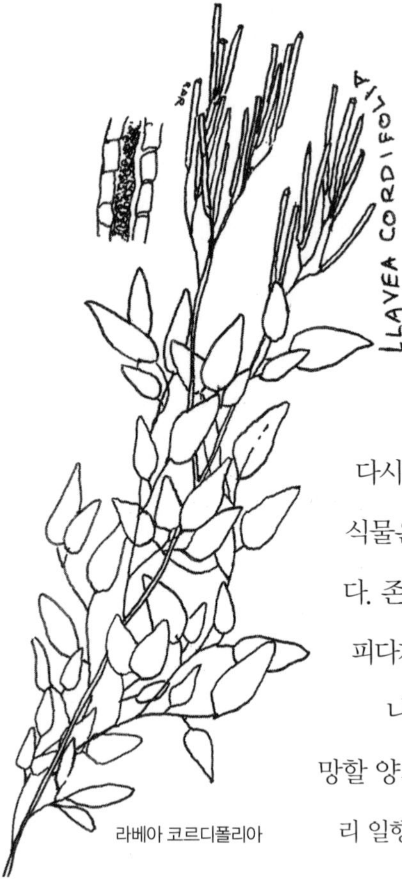

우리는 어딘가에서 다시 줄지어 버스에서 내린다. 존이 그동안 몇 번이나 오악사카를 여행하면서 마음속에 새겨두었던 곳이다. 차에서 내리는 우리를 향해 그가 말한다. 여기에 그것, 라베아 코르디폴리아*Llavea cordifolia*가 있다고. 앞으로 다시는 이것을 볼 수 없을지도 모른다고. 이 식물은 멕시코 남부와 과테말라에서만 자란다. 존은 처음 오악사카에 왔을 때 길가를 살피다가 이 희귀한 토종식물을 발견했다.

나는 라베아를 본다. 그래봤자 이것도 망할 양치류일 뿐이라는 생각이 든다(하지만 우리 일행에게 감히 이런 생각을 말할 수는 없다!).*

LLAVEA CORDIFOLIA

라베아 코르디폴리아

그와 동시에 뭔가 무한히 낯설고 (내게는) 더 흥미로운 것이 시야의 가장자리에 잡혔다. 핀구이쿨라*Pinguicula*, 즉 벌레잡이제비꽃이라는 육식성 식물이다. 달걀형 잎에 점액질이 묻어 있어서 작은 곤충들이 거기에 발이 묶인 채 서서히 소화된다. 나는 그 이파리를 조심스레 만져본다.

라베아는 그다지 희귀한 식물이 아니다. 하지만 만약 라베아가 전 세계에 20~30그루밖에 없고 그들이 모두 딱 한 곳에서만 자란다면 그 위치가 사람들에게 널리 공개될 것 같으냐고 나는 로빈에게 묻는다. 로빈은 그런 상황이라면 공개되지 않을 것 같다고 말한다. 그와 나란히 앉은 주디스 존스도 동의한다. 나는 이국적인 소철류인 케라토자미아*Ceratozamia*속의 한 종을 예로 든다. 파나마에서 겨우 20여 그루밖에 발견되지 않은 식물이다. 그런데 어떤 수집가가 그 20여 그루를 몽땅 가져가버리는 바람에 그 식물이 이제는 야생에서 멸종해버리고 말았다. 태평양 연안의 북서부에서 양치류 종묘원을 운영하는 주디스는 식물학자인 칼 잉글리시Carl English의 예를 든다. 그는 1950년대에 아디안툼속의 신품종인 난쟁이 아디안툼을 발견했다고 주장했지만 위치를 밝히지 않

---

* 나중에 로빈에게 이런 말을 했더니 그는 꽤 심하게 화를 냈다. 라베아는 번식기능이 없는 우편(羽片, 깃털 모양 겹잎의 한 조각—옮긴이)과 번식기능이 있는 우편이 같은 이파리에 있다는 점에서 굉장한 식물이라는 것이다. 게다가 두 우편의 모양이 완전히 다르다고 했다. 난리도 아니었다. 그는 이 식물이 희귀하다는 점, 한정된 지역에서만 자란다는 점 때문에 매력이 두 배라고 주장했다. "이런 특징을 지닌 양치류가 세상에 널려 있는 게 아니라고요!" 그가 소리쳤다.

았다. 그 결과 사람들이 그의 말을 믿지 않게 되었고, 그는 괜한 '장난'을 쳤다는 소리를 들었다. 그런데 30년 뒤 그가 세상을 떠난 후에 그 식물이 고립되어서 자라는 지역이 또 발견되었다. 그렇게 해서 그는 사후에야 비로소 인정을 받은 것이다. 그는 왜 그 식물이 자라는 곳을 밝히지 않은 걸까? 상업적인 동기 때문은 아니었다. 그는 그 식물로 상업적인 이윤을 거둔 적이 없고, 포자를 전 세계에 공짜로 나눠주었다. 그가 비밀을 지킨 것은 아마도 부분적으로는 직업적인 이유, 즉 과학자로서 우선권을 확립하고 싶다는 욕망(이 경우에는 아무도 그를 믿어주지 않아서 오히려 수포로 돌아갔지만) 때문이었을 것이고, 또 한편으로는 몇 그루 되지 않는 그 식물들이 수집가의 손에 파괴되지 않게 보호하고 싶다는 생각 때문이기도 했을 것이다. 아니면 주디스의 생각처럼 그가 천성적으로 뭐든 비밀로 하는 사람이었을 수도 있다.

버스가 여전히 오악사카보다 훨씬 높은 산길을 천천히 달리는 동안 이런 이야기를 나누던 우리는 과학에서 개방성과 비밀주의의 문제, 우선권의 문제, 해적 행위, 특허, 표절 등에 대해 긴 토론을 하게 된다. 나는 내 환자들이 다른 동료들에게도 진찰을 받을 수 있는 것을 기쁘게 생각하며 환자들의 상태에 대해 진심으로 관심을 표하는 사람은 누구든 환영하지만, 내 동료 중에는 나와 다른 생각을 가진 사람도 있다고 말한다. 그들은 다른 의사들이 아주 잠깐이라도 자기 환자를 보는 것을 싫어한다. 환자를 빼앗길까봐 겁을 내기 때문이다. 따라서 다른 사람들에게 정보를 주지 않으려고 경계하기 때문에 그들과 주고받는 서신에도 이렇다 할 내용이 없다. 나는 라부아지에의 이야기를 꺼낸다. 그는 자신이 발견한 것들을 모두 꼼꼼히 기록해서 봉인한 채 학술원에 맡겨두는 수고를 아끼지 않았다. 어느 누구도 자신의 우선권에 이의를 제기하지 못하게 하기 위해서였다. 하지만 그러면서도 자신은 다른 사람들이 발견한 것들을 염치없이 가져다 썼다.

우리는 세상사의 복잡함에 고개를 젓는다.

몸은 지쳤지만 마음은 들뜬 채로 분의 집에서 돌아온 뒤, 로빈과 나는 마지막 밤을 시내에 나가 보내기로 한다. 마지막으로 광장도 한번 걸어보고, 길가 카페에서 마지막 식사도 할 참이다. 하지만 그보다 먼저 시내의 문화박물관에 갈 예정이다. 스페인인들이 오기 전에 만들어진 대량의 유물들이 17세기에 거대한 수도원이었던 건물에 소장되어 있다. 지난 며칠 동안의 풍요롭고 다양한 경험에 우리는 정신을 차릴 수가 없어서 모든 것이 깔끔하게 정돈된 종합적인 요약본 같은 것을 보아둘 필요가 있다.

우리는 먼저 박물관의 서고에 들른다. 길고 긴 방에 송아지 가죽으로 제본된 고서적들과 고판본들이 천장까지 높이 쌓여 있다. 박학다식하고 차분한 분위기, 역사의 거대함, 책과 종이의 연약함이 느껴지는 분위기다. 스페인인들이 마야와 아즈텍을 비롯해서 자기들 이전의 문명이 남긴 기록들을 거의 완전히 파괴해버릴 수 있었던 것도 바로 문서의 연약함 덕분이었다. 고대인들이 나무껍질로 만든 훌륭하고 섬세한 원고 형태의 책들은 정복자들의 불길 앞에서 도저히 살아날 길이 없었기 때문에 수천 권이나 되는 장서들이 파괴되고 겨우 여섯 권 정도만 살아남았다. 조각상, 신전, 서판, 무덤 등에 새겨진 그림문자와 글은 비교적 덜 약한 편이었지만, 1세기 동안의 연구에도 불구하고 아직 우리가 해석할 수 없는 것이 대부분이다. 나는 이 서고에 소장된 연약한 책들을 바라보며 알렉산드리아에 있었던 훌륭한 도서관을 생각한다. 알렉산드리아의 도서관에는 사본이 만들어진 적이 없는 유일본인 두루마리들이 수십만 권이나 소장되어 있었지만, 그것들이 모두 불에 타면서 고대 세계의 지식 중 많은 부분이 영원히 사라져버렸다.

몬테 알반에서 우리는 7호 고분에 대해 배웠다. 엄청난 보물이 발견된 곳이라서, 중앙아메리카 판 투탕카멘의 무덤이라고 했다. 현재 박물관에 전시되어 있는 7호 고분의 보물은 비교적 최근의 것들이다. 처음이 무덤이 만들어진 8세기에 그 안에 넣은 물건들을 14세기 사람들이 없애버리고, 무덤을 재활용해서 미스텍족 귀족을 이곳에 묻었기 때문이다. 그들은 하인 몇 명을 귀족과 함께 순장하고 금, 은, 보석도 무덤에 넣었다. 우리가 몬테 알반 전역에서 보았던 것과 똑같은 커다란 납골함이 보인다. 금, 은, 구리, 그리고 이 금속들의 합금, 옥, 터키석, 줄마노, 석영, 오팔, 흑요석, 아사바체(이게 뭔지는 모르겠지만[흑옥]), 호박 등으로 만든 훌륭한 장신구들도 있다. 콜럼버스 이전 시대에는 금이 그리 귀한 물건이 아니었다. 순전히 아름다운 물건을 만들 수 있는 재료였을 뿐이다. 스페인인들은 이런 사고방식을 이해하지 못하고 탐욕에 젖어 수천, 아니 어쩌면 수백만 점이나 되는 황금 공예품을 녹여 자신들의 금고를 채웠다. 7호 고분에서 간신히 파괴를 피하고 보존된 몇 점의 황금 유물을 바라보고 있자니, 스페인인들이 얼마나 끔찍한 짓을 했는지 실감이 난다. 그런 행위를 통해 정복자들은 적어도 자기들의 손에 파괴당하고 있는 이곳의 문화보다 자신들이 훨씬 더 저열하고 무식하다는 사실을 증명한 것이나 마찬가지다.

스페인인들이 등장하기 전 이곳에 존재했던 문명들의 우주론을 보여주는 전시물이 있다. 태양의 신, 전쟁의 신, '전체적인 대기의' 신, 옥수수의 신, 지진의 신, 하계의 신, 동물들과 조상들의 신(흥미로운 조합이다), 꿈의 신, 사랑의 신, 사치의 신 등, 그들이 믿었던 온갖 신들이 모여 있다.

황철석과 자철석으로 만든 작은 거울들이 전시된 곳도 있다. 중앙아메리카 사람들은 자철석의 광택과 아름다움을 알고 있었으면서, 그 물건에 자성磁性이 있다는 사실은 왜 알아차리지 못했을까? 자철석을 물에 띄우면 나침반 기능을 할 수 있다는 사실을 왜 알지 못했을까? 자철석을 숯으로 제련하면 철이 만들어진다는 사실을 왜 알지 못했을까?

그들은 뛰어난 능력으로 복잡한 문명을 이룩하고, 수학과 천문학과 공학과 건축을 발전시키고, 풍요로운 예술과 문화를 창조하고, 심오한 우주론과 의식儀式을 갖고 있었으면서도 여전히 바퀴도, 나침반도, 알파벳도, 철도 사용하지 못했다. 한편에서는 그토록 '앞서' 있었으면서도, 다른 편에서는 어떻게 그토록 '원시적'일 수 있었을까? 아니면 '앞섰다'라든가 '원시적'이라는 개념 자체가 이곳에서는 전혀 통용될 수 없는 상황이었던 걸까?

나는 중앙아메리카를 로마나 아테네, 바빌론이나 이집트, 중국이나 인도와 비교해보면, 중앙아메리카의 그 독특한 특징 때문에 당혹스러워진다는 사실을 서서히 깨달았다. 하지만 이런 문제를 정확히 측정하는 척도 같은 것은 없다. 어떤 사회나 문화를 어떻게 평가할 수 있겠는가? 우리는 그저 온전한 인간의 삶을 가능하게 해주는 인간관계와 활동, 관습과 기술, 신념과 목표, 이상과 꿈 등이 있었는지 살펴볼 수 있을 뿐이다.

박물관 방문은 우리와는 완전히 다른 문화, 다른 시대에 다녀온 것 같은 기분을 안겨주었다. 나는 문명이 중동에서 시작되었다는 무식한 생각을 하고 있었지만, 신세계 역시 중동 못지않은 문명의 요람이었음을 알게 되었다. 이곳에서 본 것들의 강렬함과 웅장함에 충격을 받은 나는 인간다움에 관한 생각을 바꿨다. 특히 몬테 알반은 내가 꿈에도 생각지 못했던 가능성들을 보여줌으로써 평생 간직해오던 생각을 뒤집어버렸다. 나는 베르날 디아스의 책과 프레스콧William Prescott이 1843년에 발표한 《멕시코 정복사The History of The Conquest of Mexico》를 다시 읽을 것이다. 책 속에 묘사된 문화 중 일부를 내가 직접 보았으니 이번에는 다른 시각으로 읽을 수 있을 것이다. 그리고 이곳에서 경험한 것들을 곰곰이 생각해본 뒤 관련 서적들도 더 읽어보고, 틀림없이 다시 이곳을 찾을 것이다.

10. Sunday

오늘 우리는 마지막 일정으로 오악사카 남쪽에 있는 솔라 데 베가Sola de Vega 시로 향하고 있다. 마지막 식물채집을 위해 우리가 가는 곳은 석회암 지대다. 칼슘 성분이 잔뜩 들어 있는 석회암을 사랑하는 양치류와 기타 식물들을 보기 위해서다. 나는 조금 피곤한 기분이 든다. 적어도 이야기를 듣는 데 지친 것만은 분명하다. 하지만 다른 사람들의 열정은 지칠 줄을 모른다. 모두 이곳의 양치류들을 생전 처음으로 보는 사람처럼 굴고 있다. 나도 양치류를 보는 것은 즐겁다. 다른 사람들의 열정적인 모습을 보는 것도 마찬가지다. 하지만 이번 여행이 곧 끝날 것이라는 생각 때문인지, 나는 실제 관찰보다는 그냥 목록을 만드는 것에 만족하고 있다. 체일란테스 롱기필라*Cheilanthes longipila*, 체일로플렉톤 리기둠*Cheiloplecton rigidum*, 아스트롤레피스 베이텔리, 아르기로초스마 포르모사*Argyrochosma formosa*, 노톨라에나 갈레오티*Notholaena galeottii*, 아디안툼 브라우니*Adiantum braunii*, 아네미아 아디안티폴리아*Anemia adiantifolia*, 그리고 바위손속의 두 종. 물론 지의류, 이끼, 아주 작은 용설란, 미모사, 그리고 헤아릴 수 없이 많은 DYC들도 있다.

양치류 관찰을 마친 뒤 우리는 엘 바도(El Vado, 개울)로 돌아와 강가의 낙엽송 밑에서 마지막 브런치를 먹는다. 엘 툴레만큼 크지는 않지만 그래도 이 위풍당당한 나무들이 가늘게 흐르는 강(우기에는 강폭이 넓어져서 도로까지 물이 넘치지만, 건기가 한창인 지금도 강의 수량은 상당한 수준이다)을 따라 모여 있는 모습은 굉장하다. 기껏해야 다섯 살쯤으로 보이는 여자아이들이 강가에서 빨래를 하고 있다. 우리 주위에는 10여 마리의 동네 개들이 나와 있는데, 크기, 품종, 색깔이 서로 놀랄 만큼 다르다. 다른 마을들에서 보았던, 비슷비슷한 모양의 들개 비슷한 개들과는 다르다. 녀석들이 몰려나온 것은 장작불로 쇠고기를 요리하는 맛있는 냄새 때문이다(그건 우리도 마찬가지다. 심지어 준準채식주의자인 나도 그러니까). 우리는 식사를 하면서 녀석들에게도 기꺼이 음식을 나눠준다. 녀석들은 이상할 정도로 얌전하다. 서너 마리가 한 마리를 둘러싸고 앉아서 얌전히 기다리다가 순서대로 음식을 받아먹는다. 1, 2, 3, 4, …, 1, 2, 3, 4. 엉덩이를 들이밀며 새치기를 하는 녀석도 없고, 다른 녀석의 고기를 빼앗아가는 녀석도 없다. 개들의 이런 사회성, 평등의식에 우리는 깊은 인상을 받는다. 아니지, 그냥 위계질서에 따라 지배자에게 복종하는 것뿐인가? 들개나 하이에나가 사냥감을 죽인 뒤 어떻게 하더라?

이 개들은 개인이든 공동체든 주인이 있는 걸까, 아니면 그저 마을에 살기만 할 뿐 반쯤은 야생으로 돌아간 것과 다름없는 상태에서 서로 먹이를 나눠 먹고 있는 걸까? 듣기로 이곳에서는 개를 애완동물로 기르는 경우가 드물다고 했다. 대부분의 개들은 슬금슬금 돌아다니며 음식 찌꺼기를 주워 먹고, 사람들은 아무렇지도 않게 녀석들을 발로 차댄다. 지금 우리 주위에 몰려든 녀석들은 얌전히 길이 든 것처럼 보이지만, 음식을 먹다가 어느 순간 무려 일곱 마리나 되는 개들이 내 주위를 둘러싼 것을 보고 겁이 난다. 이 녀석들에게 늑대의 힘이 잠재되어 있다는 생각 때문이다. 녀석들이 정말로 쉽게 야생으로 돌아가 인간들을 공격할 수 있을지 궁금하다. 하기야 우리가 그런 꼴을 당해도 싼 편이긴 하다. (나는 덩치 큰 개들에게 둘러싸여 있을 때면 항상 지금처럼 불편함과 두려움을 느끼는 것 같다. 나는 개들을 사랑할 뿐만 아니라, 심지어 내 미들네임도 '울프'다. 하지만 내 인생 최초의 기억은 두 살 때 집에서 기르던 개 피터에게 공격당해 물린 것이다. 뼈를 갉아먹고 있던 피터의 꼬리를 내가 잡아당겼더니 녀석이 갑자기 달려들어서 목을 물었다.)

오늘 우리 일행을 따라온 루이스의 어머니가 운전기사 움베르토와 그의 아들 페르난도의 도움을 받아 강가에 야외용 식탁을 설치했다. 정육점을 하는 루이스의 형은 훌륭한 고기를 마련해주었다. 루이스의 어머니는 참한 요리 솜씨로 두 가지 전통음식을 만들었다. 아몬드 소스를 넣은 스페인식 닭고기 스튜인 에스토파도 데 포요와 돼지고기를 예르바 산타yerba santa와 피티오나pitiona로 양념한 몰레 아마리요다. 고기와 토르티야에 곁들여 먹을 음료로는 계피향을 넣은 오악사카식 핫초콜릿이 커다란 단지에 담겨 있다. 안 그래도 지난 1주일 동안 나는 이 초콜릿에 완전히 중독되어버렸다. 식사 분위기는 아주 편안하고 달콤하다. 이제 함께 지낸 지 아흐레가 되었으므로 우리는 서로를 잘 알고 있다. 그동안 힘들게 돌아다니며 작은 계곡을 오르고 개울을 뛰어넘어 오악사카에 살고 있는 700여 종의 양치류 중 4분의 1을 보았다. 내일이면 우리는 이곳을 떠나 로스앤젤레스나 시애틀이나 애틀랜타나 뉴욕의 직장으로 돌아갈 것이다. 하지만 지금은 강가의 이 커다란 낙엽송 밑에 앉아 살아 있음을 기뻐하는 소박한 즐거움을 누리기만 하면 된다(이렇게 한가로이 살다보면 수백 년이 흘러 1,000살이 되어도 여전히 젊은이 같은 기분을 느낄 수 있을지 모른다).

내가 자임한 임무, 아니 멋대로 시작한 일인 일기 쓰기가 끝나가고 있다. 이토록 불굴의 의지로 일기 쓰기를 계속했다는 사실이 놀랍다. 하지만 내가 열정을 품고 있는 것은 바로 이 일, 경험을 글로 옮기는 일이다. 나는 나무 밑에 앉아서 이 마지막 메모를 썼다. 낙엽송이 아니라 백년초다. 존 브리스토(우리 일행 중의 또 다른 존! 그는 내가 펜에 집착하는 만큼 카메라에 집착한다)가 내가 모르는 줄 알고 조용히 내 사진을 찍었다.

석양, 길게 늘어진 햇살이 사포텍족의 작은 마을들과 16세기의 교회들 위로 미끄러진다. 다정하고, 부드럽고, 완만하게 물결치는 땅이다. 정말로 즐거운 여행이었다. 이렇게 즐거운 여행은 아주 오랜만인 것 같다. 지금은 무엇이 그토록…, 그토록 마음에 들었던 건지 분석하기가 힘들다. 풍상에 시달린 산들의 부드러운 윤곽과 아름다움. 점점 짙어지는 어스름 속에서 우리는 엘 툴레 앞을 다시 지나간다. 나무가 어찌나 큰지 바로 옆의 낡은 교회가 난쟁이처럼 보인다.

부드러운 그림자가 드리워진 산들을 보니 묘하게도 캘리포니아 주 트레이시 근처의 50번 도로 가에 있는 산들이 생각난다. 1960년에 내가 그 산들을 사진으로 찍은 것도 기억난다. 다시 젊어진 기분이다. 아니, 나이와 시간을 초월한 것 같다.

어떤 손 하나, 검고 모양 좋고 근육질인 손 하나가 우리 옆을 지나치는 버스의 유리창 밖으로 나와 있다. 그 자체로서 상당히 아름다운 손이라 나는 그 주인에게는 그다지 호기심을 느끼지 못한다.

아직도 거의 만월에 가까운 달이 내 창가에 눈부시게 떠올라 새벽을 알린다. 매일 아침 4시 30분이면 내 방에 어렴풋하고 희미한 빛을 가져다주는 달이 세 시간이 지나 날이 완전히 밝은 지금도 하늘에 높이 떠 있는 것이 보인다. 우리는 덜컹거리는 버스를 타고 시내를 통과해 공항으로 갈 준비를 하고 있다.

우리 일행 열여덟 명은 이른 아침 비행기를 타고 멕시코시티로 가서 미국 전역으로 흩어질 것이다.

존과 캐럴, 로빈이 우리를 배웅하려고 와 있다. 감정이 격해진 얼굴로 서로를 끌어안으며 언젠가 다시 만날 수 있으면 좋겠다고 말한다. 어쩌면 오악사카로 다시 여행을 오게 될지도 모르는 일이다. 물론 나는 2주 쯤 지나면 이 세 사람을 뉴욕에서 다시 만나겠지만, 다른 사람들은 이들을 오랫동안 만나지 못할 수도 있다.

공항으로 가는 길에 나는 이번 오악사카 여행을 돌아본다. 원래 이 여행의 목적은 양치류 탐방이었기 때문에, 우리가 여름이 되면 토요일에 시간을 내서 뉴욕 일대를 돌아다니며 양치류들을 조사하던 모임의 확장판 같은 것이었다. 이번 여행은 줄곧 새로운 것과 놀라운 것, 엄청나게 아름다운 것이 가득한 멋진 양치류 모험이었다. 양치류에 대한 사랑이 얼마나 깊고 열정적일 수 있는지를 보여준 여행이기도 했다. 나는 존이 엘라포글로숨을 채집하려고 목숨을 걸었던 것을 생각한다. 그런 열정을 함께 나누면서 우리 사이의 유대감이 깊어진 것도 생각한다. 겨우 열흘 전 처음 만났을 때 우리는 사실상 생면부지의 타인들이었다. 그런데 이 짧은 기간에 친구가 되어 일종의 공동체 같은 것이 만들어졌다. 이제 우리는 슬픈 표정으로 마지못해 이별을 고한다. 연극이 끝난 뒤 해산하는 극단 같다.

데이비드와 나는 마지막으로 우리들 사이의 인사를 나눈다.

"황비철석!"

"웅황!"

"계관석!" 대단한 사람이다. 나는 그에게 편지를 쓸 것이다. 언젠가 다시 만날 수 있다면 좋겠다.

올리버 색스의 오악사카 저널

1판 1쇄 찍음 2013년 3월 25일
1판 2쇄 펴냄 2018년 11월 8일

지은이 올리버 색스
옮긴이 김승욱
펴낸이 안지미
편집 김진형 최장욱 박승기
디자인 김현우 이보람
제작처 공간

펴낸곳 알마 출판사
출판등록 2006년 6월 22일 제2013-000266호
주소 03990 서울시 마포구 연남로 1길 8, 4~5층
전화 02.324.3800 판매 02.324.2844 편집
전송 02.324.1144

전자우편 alma@almabook.com
페이스북 /almabooks
트위터 @alma_books
인스타그램 @alma_books

ISBN 979-89-94963-74-7 03400

알마는 아이쿱생협과 더불어 협동조합의 가치를 실천하는 출판사입니다.

종이 표지_루프파티클 스노우 216g/㎡ 본문_미색 모조지 100g/㎡